徐守珩 著

先锋之策

当代建筑

异质共生

机械工业出版社
CHINA MACHINE PRESS

本书基于后现代文化中的多元化语境与复杂化趋向，借助复杂性科学与哲学，以当代先锋建筑为研究对象，从其异质性的建构、实现异质共生的策略出发，来构想富有建设性和包容性的共生景象。可以说，以异质共生作为指导性原则和思想基础，是当代建筑步入先锋之境的根本策略。本书主要供建筑院校的学生、从事相关内容教学的教师以及建筑与城市文化的研究者阅读参考。

图书在版编目（CIP）数据

当代建筑先锋之策　异质共生 / 徐守珩著. —北京：机械工业出版社，2016. 9

ISBN 978-7-111-54653-5

Ⅰ.①当…　Ⅱ.①徐…　Ⅲ.①建筑设计—研究　Ⅳ.①TU2

中国版本图书馆CIP数据核字（2016）第200023号

机械工业出版社（北京市百万庄大街22号　邮政编码100037）
策划编辑：赵　荣　责任编辑：赵　荣　张维欣
责任校对：刘怡丹　封面设计：徐守珩
责任印制：李　洋
北京利丰雅高长城印刷有限公司印刷
2016年9月第1版第1次印刷
148mm×210mm·18印张·202千字
标准书号：ISBN 978-7-111-54653-5
定价：59.00元

谨以此书献给当代建筑领域中那些勇于开拓的先行者！

前
言

作为时代性产物，建筑一直以来都是人们适应、观察、思考和质疑时代的重要载体，在某种程度上表征着时代精神。然而，在当下这个急剧膨胀的时代，人们观察、体验、感知和理解建筑与城市的传统方式都暴露出了明显的局限性。人们既要面对社会对建筑形态和空间构成的多样性要求，又要接受建筑所承受的社会使命正在削弱的事实，特别是当人们尝试着用传统的语言或方式去解释反传统的后现代文化现象的时候，总会产生一种力不从心或者思维紊乱的感觉。这确实令人倍感困惑：为什么会这样呢？

概括而言，五大要素对此产生着重要影响，即科学与技术的革命性进步、商品化和消费主义的极端泛滥、个人主义向大众社会的全面转变、后现代文化形式的深度扩散，以及超二元世界的多维"时-空"观。显然，人们所依附的语境变了，一味地继承和延续传统的操作，或者模仿那些备受世人推崇的大师作品都不是长久之计，人们需要从先锋派思想观念中觅得良策。

自先锋派思想诞生以来，它都不曾独立出来作为社会发展的阶段，而是作为从属身份指引着各个阶段的发展。本书从回顾先锋派思想的源流及其美学范式出发，系统地阐述了其在文学、艺术和建筑等领域的大致发展，并依据时空的脉络，论述了历史先锋派与早期现代主义建筑理论、后现代先锋派与解构主义建筑思想、当代先锋派与建筑中的复杂性趋向的阶段划分和演进历程。其中，对于深受后现代文化和复杂-非线性思维双重影响，全面突破现代理性限制的当代建筑而言，在异质性的建构、实现异质共生的策略和对共生场景的构想等方面都表现出了更具适应性的价值和意义。

本书从"思想"、"参照"、"形态"、"功能"、"空间"和"语言"等六个层面出发，对于当代先锋建筑的异质性建构展开论述。具体表现为理性超越、去总体性、中心的消解、界定的模糊、变异、反逻辑、多义性、不确定性、多场景构图、戏剧性、断片的对峙与非连续等特征。它让人们能够更加清晰地理解当代先锋建筑维持批判与创新精神的逻辑方式和手段，拨开当代先锋建筑高不可攀、居高临下的神秘面纱，并通达其建构背后的相关语义。

作为后现代意识下的产物，异质性本身在人类社会从机械秩序向生命秩序过渡的过程中，开始与当代先锋思想出现错位，但是，它并没有被后者所摈弃，而是嫁接与共生思想的结盟来修复错位。洞悉当代先锋建筑异质性的建构及其相关语义，是促成异质与共生结盟的大前提。然而，要实现当代先锋建筑对多元化语境和人性抚慰的双重作用，人们还需要找到实现异质共生的根本性策略，复杂-非线性思维的发展和完善为此提供了理论指导，让人们能够从各个层面预见异质共生的全息图景。

本书结合当下建筑创作和空间叙事的需要，依托于当下复杂-非线性思维的成熟和对建筑学科的交叉贡献，建立起了异质共生对空间叙事的设计策略，主要包括"抬升的'地景'介入建筑""消解的表皮关联浮动的边界""叠置的层次对接空间中的运动和事件""开放空间构拟不可预见的复杂""媒介空间生成流动的'镜像体验'"以及"仿生自然扩展有机增殖的适应性"等六个层面。在以上六大策略结合相关案例的剖析中，当代先锋建筑尝试走出后现代文化与解构思想漩涡所做出的改变清晰可见，它在强调异质性建构之外，开始赋予建筑更多的属性和意义，使其日益趋于共生的秩序。

在当前这个矛盾与冲突日益凸显的时代，单向化与排他性思维范式开始失效，对于共生场景的构想体现出更大的智慧性，表现为一种暧昧的包容。当代先锋思想对于共生的阐述涉及到很多领域或层面，比如说人与自然的共生、艺术与技术的共生、历史与未来的共生，以及民主与集权的共生等。而具体到当代先锋建筑的表现上，则主要体现在地域性与全球化的共生、局部与整体的共生、透明与模糊的共生，以及真实与虚幻的共生四个方面。其实，在共生的秩序之间并不存在严格意义上的冲突或对峙，更多表现为一种新型的平行关系，并剔除了"主客二分"的假设性前提。

在全球范围内，强调异质性的先锋设计比比皆是，其中一些当属当代先锋建筑师的大智慧之作，非常值得人们全面体验和感知。

本书最后一章精选了8个极具有代表性的当代先锋建筑案例，力求在对其进行系统的观察、体验和感知，以及整体性剖析的过程中，让人们充分理解信息时代的巨变、异质性的建构、实现异质共生的策略，以及对于共生场景的构想。

当然，本书并非试图建立一种普适性的理论或概念，仅仅是针对当代先锋阶段的转变所做出的一些积极探索和构想，它让异质性成为一种保持批判性的力量能够在当代建筑中自然而然地呈现，并让复杂-非线性思维成为当代先锋建筑构拟和还原现实世界复杂的有效策略。换言之，在本书中，不管是"异质性建构"、"实现共生的策略"，还是"对于共生场景的构想"，都是开放而又可被延展的架构，而非封闭的系统或体系。

徐卫国

目　录

由安倍晋三废止哈迪德设计的东京奥运会主体育场事件说起

引言

　　作为一位横跨建筑界与时尚界的超级"女魔头",扎哈·哈迪德(Zaha Hadid)自成名以来,一直都处于争议的漩涡和人们目光聚焦的中心。但是,时至今日,斯人已逝,对于她的设计和思想,我们更加需要基于一种历时性的思维和扩张性的视野来加以客观地审视,在此,我们就从她那被废止的东京奥运会主体育场事件说起,来揭示一场正发生在整个建筑领域的重大思想递变。

　　2015年7月17日,安倍晋三公开宣布废止之前通过审核的东京奥运会主体育场方案,让这一起近三年来深陷争议而闹得沸沸扬扬的设计事件告一段落。

　　2012年11月,日本政府为了迎合申奥工作,对2020年奥运会主体育场的设计构想进行了全球招标,哈迪德凭借其极具创新性与时代感的方案成为了最终赢家(图1)。然而随着东京申奥工作的胜出,在日本建筑界,由矶崎新、槙文彦、伊东丰雄、隈研吾和藤本壮介等建筑师发起的请愿团,开始通过各种媒介和渠道对哈迪德夸张的构想进行批判。在矶崎新看来,最终的方案如果获得建造必将成为"不可估量的错误",是"日本未来几代人的耻辱",并戏称,

　　"这个建筑就像一只大乌龟,随时等待日本沉入太平洋,这样它就可以游走了。"⊖

⊖http://japan.xinhuanet.com/2014-12/11/c_133848048.htm

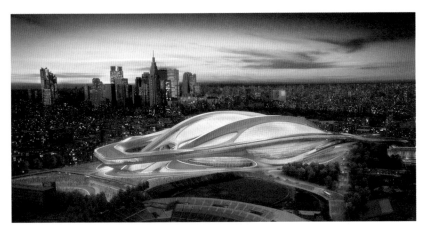

图1　扎哈·哈迪德设计的东京奥运会主体育场方案

而与此同时，在高昂的造价单面前，日本民众的反对情绪也呈现高涨之势。

抛开安倍晋三的政治企图来复盘整个事件，我们可以发现，它并非闹剧这般简单，在整个事件发酵的过程中虽然存在着某些偶然性，但更多还是必然的结果。这主要是因为申奥阶段举办设计竞赛的初衷本就不够严肃，却又掺杂着超出建筑范畴的深层次诉求。可以说，恰恰就是这些"不够严肃的初衷"和"深层次诉求"埋下了整个事件蔓延的"祸根"。

众所周知，随着全球化、信息化和网络化的全面来袭，以及都市危机的日渐加剧，针对建筑的传统操作都暴露出了明显的局限性，特别是当人们尝试着用传统的语言和方式去解释当下反传统的后现代文化中的种种现象的时候，一种力不从心或者意识错乱的感觉便会油然而生。这主要是由于传统的语言和方式与当代多元化语境之间存在的不可通约性，正在使其失去正当性和有效性。那么，在这样的背景下，能够与日本政府"不够严肃的初衷"和"深层次诉求"相匹配的必然是那些能够颠覆传统、彰显野心并制造轰动效应的当代先锋之作。话题至此，我们会问：何谓"当代先锋建筑"？

何谓"当代先锋建筑"？

在日常中，我们对于当代一些先锋之作并不陌生，但具体到概念本身，对它们进行确切的定义却并非易事。大致而言，它主要是指20世纪80年代以来，基于后现代文化思想、复杂性科学与哲学，以及信息技术的全面影响，而出现的一些颠覆传统理性的前卫思想和观念操作，它摈弃了和谐统一的秩序法则，呈现出异质、断裂、不连续、模糊和不确定性的特征。

"如果建筑还有那么一种先锋派本质的话，那么它在其象征理性、秩序、等级的物质原则中一定包含有一种能够动摇其坚固根基的逆向力量。"⊖

这种"逆向力量"通俗的理解就是对现代理性的攻击和对传统观念的颠覆。另外，

"'先锋'的本质决定了它所限定的事物必然是激进的少数派。因为它所追求的脱离、反叛和超越都是针对主流和绝大多数

⊖胡恒，王群.何为先锋派——先锋派简史.时代建筑，2003 (5)：26.

而言的，所以先锋主义建筑必然都是颠覆传统，挑战权威的发起者。"⊖

　　作为颠覆传统的"发起者"角色，当代先锋建筑在其具体表达中，最为仰仗的方式就是异质性的建构。相比于后现代主义时期的米歇尔·福柯（Michel Foucault）、雅克·德里达（Jacques Derrida）等人率先提出的建筑与空间的异质性概念，当代先锋建筑对于异质性的诠释更加深刻，它很好地把握了时间与空间对人们生存观念造成的困扰，并实现了匹配的语言对多元性、复杂性、矛盾性、模糊性和不确定性的界定。就像理查德·墨菲所言：

　　"先锋派在探索、揭示它所据其运作的体制规则和限制过程中不仅仅把世界与其表象之间的断裂置于最突出的地位，而逐渐削弱通常被理所当然地归于（假定地）现实的优势，先锋派在这样做时凭借的是创造用作逐渐削弱支撑这一优势、意识形态、表象的实践的反话语。"⊖

　　当代先锋建筑中的异质性概念既体现了一种错位与越位的思维方式，也体现着一种异质的场所与权力的关系。它作为当代先锋建筑构拟，揭示和表现当前世界复杂性与多样性的重要方式，让当代先锋建筑从腐化的理性和总体性中得到了解放。而随着总体性与异质性等对立关系的形成，人们逐渐适应在复杂-非线性思维的范式中

⊖ 刘松茯，李鸽.当代西方先锋主义建筑的缘起.华中建筑，2011（6）：14.
⊖ 理查德·墨菲.先锋派散论——现代主义、表现主义和后现代性问题.朱进东，译.南京：南京大学出版社.2007：229.

审视和规范自身对于空间的认知、理解和创新。

　　显然，哈迪德深谙此道，她设计的东京奥运会主体育场方案充分展现了异质性的这些优势。无论是在实验性与先锋性等原则方面，还是在颠覆性与异质性等建构方面，哈迪德设计的东京奥运会主体育场方案都做出了积极的响应和完美的诠释。它没有辜负日本政府"不够严肃的初衷"和"深层次诉求"，它那自由流动的线条暗含着生命的活力，由这些线性痕迹所生成的肌理感也很好地响应了奥林匹克精神，而它那掩映在白色外观下的硕大体量就像一个星外来客，充满了神秘的未来气息（图2）。然而，单纯的异质性建构却是一把双刃剑，它所生成的矛盾性表现难免会被放大和被攻击。

图2　东京奥运会
主体育场方案的硕
大体量与未来气息

对于哈迪德而言，东京的胜出原本是值得庆贺的事情，却不曾想到，此起彼伏的口诛笔伐纷至沓来。通常而言，方案深化和修改阶段是调和矛盾，平复争议的最好时机，然而，或许是因为日本建筑界和社会民众的恶语相向激怒了哈迪德，或许是桀骜不驯的哈迪德根本不想做出超越自身底线的让步，或者两者兼而有之。哈迪德提交的修改成果和造价单加剧了矛盾的升级，致使她的这一先锋之作最终胎死腹中！哈迪德将其归结于日本建筑师和国民狭隘的民族主义，这显然有失公允，因为日本政府"深层次诉求"不等同于民愿，蛮横的思维在彰显野心的同时，也让民众感受到了切实的不安。正如卡斯腾·哈里斯所说：

"完整的房屋是针对整个人类而言的，不只是针对美学观察者。它有可能具备与审美对象相关的类似的完整，同时，它没有离开生活。它不是让我们逃进审美体验，而是把我们工作和生活于其中的环境改造成艺术作品，并把它从偶然性（contingency）中解救出来。"⊖

再次反观哈迪德的设计，可以清晰地感受到其超理性思想所试图缔造的震撼场景，这使得她的设计在强调小尺度和高密度的东京传统城市空间中，获得了彻底出位的效果，达到了借助强势的异质性建构来完成"自我实现"的根本目的。我们承认，在当下，"自我实现"基本上摆脱了现代理性与总体性的束缚，取得了前所未有

⊖ 卡斯腾·哈里斯.建筑的伦理功能.申嘉，陈朝晖，译.北京：华夏出版社，2001：325.

的自我宣扬的合法性。但是，在该项目中，这种超理性的表达太过彻底，涵盖了与该建筑发生关系的社会、环境、文化、场地和材料等各个层面，以至于与日本本土讲究精细、朴素的传统文化格格不入，这在一定程度上暗合了"作为一个部分的存在与作为一个个体的存在是对立的"说法（图3）。

从以上的分析不难看出，过分强调"自我实现"或许就是哈迪德的设计深陷争议并被最终否决的根本原因，正所谓"成也萧何，败也萧何"。其实，东京奥运会主体育场并非哈迪德所遭受拒绝和排斥的第一个项目，早在1994年，她所设计的英国威尔士卡迪夫贝歌剧院就曾因预算严重超额以及文化背景等因素而被终止（图4）；而近些年，她所设计的迪拜歌剧院（图5）、伦敦建筑基金会总部等项目也因开发商削减投资等原因被取消。当然，经受此等争议的建筑师远不止是哈迪德一人，雷姆·库哈斯（Rem Koolhaas）、弗兰克·盖里（Frank Owen Gehry）、丹尼尔·里伯斯金（Daniel Libeskind）等先锋建筑师也都时常陷入争议的漩涡而不得自清。

从他们的遭遇中，我们至少收获了两条重要启示：其一，那些令人艳羡的当代先锋建筑师也不可以任性；其二，由他们设计的当代先锋建筑也不可以不受约束。诚如詹姆斯·史蒂文斯·柯尔所言：

"这种所谓的'标志性'建筑造型参差不齐，空间令人非常不舒服，还带有许多荒诞而不切实际的角状空间，建设费用高昂，而

⊖ 卡斯腾·哈里斯.建筑的伦理功能.申嘉，陈朝晖，译.北京：华夏出版社，2001：359.

图3　东京精致的街道空间

图4　扎哈·哈迪德设计的英国威尔士卡
迪夫贝歌剧院方案

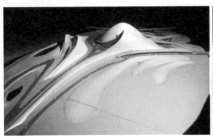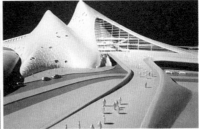

图5　扎哈·哈迪德设计的迪拜歌剧院方案

且不考虑城市文脉。我们还要建造多少这样的建筑？它曾经的荣耀已经归于上帝，人们的抱怨和不满越来越大，某些项目随着支持者的撤离也正受到人们的质疑。"⊖

换言之，在当下这样一个倡导多元化、异质性和模糊性的社会语境下，为了保持持续的竞争和对立，以及避免稳定的系统坠入惰性的异质性关系，不应该成为不受约束和任性的时代"主旋律"，因为它们携有的破坏性完全掩盖了自身的进步性，并使人们陷入焦躁、不安和恐惧之中。所以，在肯定异质性的同时，使其趋于共生才是最具时代性和前瞻性的方向。可以说，异质共生是能够真正作用于当代先锋建筑创作的约束性观念，是其根本性的指导原则和思想基础，对于当代先锋建筑适应时代的多变与现实的复杂具有战略性价值和意义，它既保持了事物之间的鲜明个性，又在相互尊重的前提下，实现了彼此的交融与渗透。话题至此，我们再问：何谓"异质共生"？

何谓"异质共生"？

异质共生是一个嫁接性概念，它主要是源于异质性和共生两个基础概念的统一，它的生成、指向、价值和意义，都是基于对现实复杂的回应，是复杂-非线性思维下的产物。其中，异质性概念主要源自于生态学中的"空间异质性"（spatial heterogeneity）与米歇

⊖ 尼科斯·A·萨林加罗斯.反建筑与解构主义新论.李春青，傅凡，张晓燕，李宝丰，译.北京：中国建筑工业出版社.2010：16.

尔·福柯提出的"异质空间"（heterotopia）。而共生概念则主要是基于自然界中生物圈内普遍存在的"共生现象"（phenomenon of symbiosis）和黑川纪章提出的"共生思想"（philosophy of symbiosis）。

在生态学中，异质性是指在生物环境不断进化过程中，物质与能量的不断流动，以及转化的频繁干扰，使得生态环境永远达不到均质状态的理论而生成的概念。空间异质性在生态学领域应用广泛，比异质性在概念上更加具体，主要指生态学过程和格局在空间分布上的不均匀性与复杂程度，空间异质性越高，则意味着多样性的环境允许物种共存的程度越明显。20世纪60年代，意大利建筑师保罗·索勒瑞将生态学（Ecology）和建筑学（Architecture）合并为Arcology，提出了"生态建筑学"的概念，与此同时，异质性被引入建筑学领域。而在此前后，福柯提出的"异质空间"也成为了对建筑学产生重要影响的概念。

在自然界生物圈中的"共生现象"，主要是指两种或者多种不同生物之间所形成的紧密互利关系，在这些关系中，一方为其他方提供有利于生存的帮助，同时也获得对方的帮助，当然这些共生关系可以是非对等的。20世纪70年代，面对当代多元化的语境，以及文化、艺术和建筑等领域的异质性特征，黑川纪章发现，即使再发达的技术也无法解决世界上所有的问题，所以他抛弃了长期以来对技术形成的坚定信仰，开始回归传统，从地域性文化中挖掘与现代文明相融合的新思想，最终，他在此前新陈代谢时期所强调的中间领域理论的基础上，提出并发展了共生思想。黑川纪章明确指出，机械时代的"普遍性"将被异质文化共生的时代所替代。他在《新共生思想》一书中写道：

"'技术转移'也是发达国家的一种霸权思维方式，是机械时代'普遍主义'的延伸。在生命时代，将探求发达国家的技术如何去适应不同地域的历史性传统技术，并与之共生。"⊖

在某种程度上，黑川纪章的共生思想也可以视为对日本同行和同胞批判哈迪德大而失当的设计的一种跨时空响应（图6）。

图6　黑川纪章及其《新共生思想》

在哈迪德的设计事件之外，我们还可以看到，随着社会的整体性结构出现崩塌，与思维方式变革相对应的是人们内在意识的普遍觉醒。反思人类走过的历程，人们越来越清醒地意识到自身所赖以生存的环境是一个不可分割的有机统一体，自身与其他存在形式交织在一起，共同形成了一种共生共存的复杂关系，任何独特性的文化和信仰都拥有其存在的必然价值和理由。人们也逐渐明白，在面对多元对立和竞争的关系中，异质文化的共生，对话与合作，已经

⊖ 黑川纪章.新共生思想.覃力，杨熹微，慕春暖，吕飞，徐苏宁，申锦姬，译.北京：中国建筑工业出版社.2009.

发展成为一种富有创造性的新态势。而异质共生思想的重构，更对人类社会的未来产生着积极而又深远的影响。

如果说内在意识的觉醒只是序曲，那么信息技术、复杂性科学与哲学的兴盛则彻底拉开异质共生的大幕。日渐成熟的复杂性科学与非线性思维对于异质性与共生思想的结合，发挥了决定性意义，这是机械时代所无法达到的。从某种程度上讲，复杂性科学首先带来的是一场方法论或思维方式的变革，它对传统思维的颠覆和对现实的洞察，契合了当前这个多元与复杂的世界。与此同时，它也赋予建筑师一种更加自由和开放的创新精神，使其不再局限于传统的观念，而是以有机生命和自然现象中所释放出的信息为触媒，创造出符合当代审美且更具活力与适应性的生存空间。

以异质共生思想为杠杆，让当代先锋建筑中的异质性表达在物质功能和精神需求之间也找到了平衡，而对于它的强调，又让人们在当代多元化语境下深度认知了空间、身体与社会的关系，包括哲学、文学和技术等诸多层面。与此同时，当人们对空间的讨论延伸到后现代主义与全球化的理论之中时，又会意识到这一空间认知也是人们意识形态中极富特色与活力的组成。而在梳理和阐述全新语境下的人与空间的多层次关系，真实的异托邦对抗虚拟的乌托邦过程中，人们也更加坚定自身对于诗意栖居的憧憬。

总而言之，异质共生作为作用于当代先锋建筑的约束与适应性策略，对于建筑和城市而言，既是一个机遇，也是一个挑战。它所呈现的是一种前所未有的时间与空间、历史与未来的交融状态，一种自由穿越的真实与虚拟、中心与边缘和谐共生。对于自然、社会与空间中异质共生的确认，也为人们观察、体验、感知和理解建筑与城市空间提供了适宜的切入点。

第一章

先锋派建筑思想的源流及其美学范式

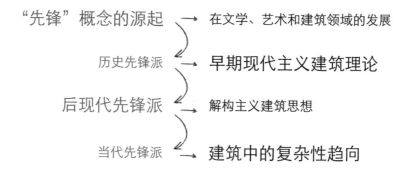

"先锋"概念的源起 → 在文学、艺术和建筑领域的发展

历史先锋派 → 早期现代主义建筑理论

后现代先锋派 ↘ 解构主义建筑思想

当代先锋派 → 建筑中的复杂性趋向

　　先锋派思想发展至今，大致可以划分为历史先锋派、后现代先锋派和当代先锋派三个时期，这三个时期的发展都表现出了一种跨越性特征、一种与生俱来的批判与创新精神。当这些先锋特征和批判精神从对应时期的文学和艺术领域扩展到建筑领域的时候，又分别作为不同阶段的引领者，为建筑适应时代的需要和推动全面的革新做出了重要贡献。

「先锋」概念的源起及其在文学、艺术和建筑领域的发展

概念的起源

　　"先锋"一词起初主要是指行军作战时的先遣部队，而对于它的延伸指代，在可查阅的资料中，最早出现于18世纪末，它在深受启蒙运动影响所爆发的法国大革命中，被用来描述那些激进的意识形态和政治思想。1794年，一本名为《东比利牛斯军队的先锋》的法国军事杂志首先明确使用了"先锋"一词，在此之后很长的一段时间里，"先锋"概念都停留在军事和政治上面，作为某些追求进步立场的隐喻，被众多激进分子和变革者所推崇。直到19世纪20年

代，在总结法国大革命和发展其社会主义实业体系时，法国空想社会主义者克劳德·昂利·圣西门（Claude-Henri de Rouvroy）才第一次将先锋概念引入到了艺术领域。圣西门注意到了激进而活跃的创新行动对于前卫艺术的重要性，并在一篇艺术家与科学家对话的文章中，赋予了"先锋"一词现代文化的含义，他说：

"是我们，艺术家们，将充当你们的先锋"⊖。

在他看来，艺术是最为直接和最具决定意义的行动，艺术家们应该成为伟大的时代里冲锋陷阵的先行者。

孕育

1848年前后，作为早期象征主义诗歌的代表人物和超现实主义诗歌的鼻祖，法国人阿蒂尔·兰波（Arthur Rimbaud）在一系列作品中也对"先锋"的含义进行过阐释。其中，以《地域中的一季》和《灵光集》为代表。该时期的文学艺术强调对传统的背离，对约定俗成的打破，追求形式与风格上的标新立异，遵从内心的自觉，坚称艺术可以超越一切。而与此同时，作为对社会文化、意识形态、政治思想、工业化技术和革命性观念的契合，建筑领域也开始了有关功能、形式与美学的新探索。法国建筑师和理论家维欧勒·勒·杜克（Viollet-le-Duc），在设计中开始主动偏离当时盛

⊖ （美）丹尼尔·贝尔.资本主义文化矛盾.赵一凡，蒲隆，任晓晋，译.北京：生活·读书·新知三联书店.1989：81.

行的建筑美学潮流。在他看来，当时的工业材料为新时代的建筑所带来的影响是决定性的，特别是随着钢铁、玻璃和混凝土的广泛推广和使用。他同时指出，建筑的发展方向是找到适宜新材料的使用和表现的方法，而不是拘泥于传统的材料和形式。显然，他的这些进步性思想和言论在一定程度上启发了现代建筑和理性思想。1851年，由英国著名园艺师约瑟夫·帕克斯顿（Joseph Paxton）设计的伦敦世界博览会展示馆——水晶宫，就表现出与杜克的进步理论高度吻合的特征，它摈弃了一直以来的古典主义装饰风格，转而通过钢与玻璃预制装配化的方法，在9个月的时间里被迅速建造完成且具有现代美学样式。

　　然而，局限于军事、政治和小范围的文学艺术领域的"先锋"概念终究不同于"先锋派"概念。而真正具有先锋性质的文化艺术运动的先锋派，则主要出现在19世纪后半叶至20世纪初，这一时间内，可以被视为历史先锋派的孕育阶段。随着先锋思潮的涌动和先锋实验的广泛开展，特别是印象主义、后印象主义、立体主义和表现主义等艺术形式的全面兴起，先锋派思想开始挣脱大众"平庸"的趣味，逐渐在社会中形成共识，并将针对社会形态的批判与创新精神从文化艺术范畴延伸到建筑领域。

与传统美学的决裂

　　19世纪中后叶，工业化所导致的社会变化引起了很多知识分子的忧虑和不满。艺术界中的一些人试图借助艺术的手段来改变这种社会现状，并开始有意识地背离传统的艺术风格，追求一种极具创新观念的艺术表现，以期在艺术与公众生活之间建立起一种联

系，譬如发源于英国的工艺美术运动。该运动主要以约翰·拉斯金
（John Ruskin）的理论为指导，以威廉·莫里斯（William Morris）
的实践为代表，认为机器是一切重复与罪恶的根源，企图通过恢复
手工艺传统来反对机械美学，它的影响遍及欧洲各国。受到工艺美
术运动的影响，新艺术运动在法国得到了继续和发展，它在形式设
计上强调"回归自然"，并以动植物图案作为装饰素材。这种风格
很容易让人联想到莫里斯设计中的一些曲线结构和东方艺术中质朴
的自然主义。

　　维克多·霍塔（Victor Horta）是比利时新艺术运动时期的代表
性建筑师，他受到日本艺术的影响，放弃了对传统建筑中对称结构
的强调，开始在建筑外立面和内部空间的设计中，大量采用自由曲
线，以此打破传统建筑样式的平庸，使其产生一种流动和自然的效
果（图1-1）。与霍塔有所不同，西班牙建筑师安东尼·高迪则创
造了一种风格独特的有机形态，并将新艺术运动对建筑的影响推向
了顶峰，其代表作品主要有桂尔公园、米拉公寓和巴特拉公寓等。
其中，米拉公寓是高迪自认为最好的作品，是用自然主义手法在建
筑上表现浪漫主义和反传统精神最有说服力的作品，高低错落的屋

图1-1　维克多·霍塔设
计的布鲁塞尔塔塞尔饭
店内部空间

顶、凹凸不平的墙面，以及蜿蜒起伏的曲线都让整个建筑显得"荒诞不经"，却又让内外空间充满了流动感（图1-2）。

图1-2　米拉公寓外观

激进的建筑实验

德国建筑师高弗雷·森帕尔（Gottfried Semper）在1852-1863年期间出版发行的《工业艺术论》和《技术与构造艺术中的风格》等著作中指出，工业化时代的建筑革命是必然的，建筑的功能与形式应该发生紧密联系，材料自身的特性也理应被充分挖掘。这些观点随着新艺术运动的兴起逐渐得到验证，很多建筑师开始尝试使用工业革命所带来的建筑材料和技术，来简化装饰手法，打破传统的结构体系和美学范式。

从19世纪70年代开始，欧美国家的一些建筑师或设计师团体逐渐接纳了新艺术运动的影响。其中，以美国的"芝加哥学派"、英国的"格拉斯哥四人组"和奥地利的"维也纳分离派"等为代表，这些建筑师团体通过激进的建筑实验，逐渐形成了前卫而又契合时代精神的主张，推动了现代建筑的产生。

芝加哥学派是美国建筑领域最早的流派，它尝试着摆脱折衷主义的影响，明确功能在建筑中的核心地位，提出形式服从功能的基本思想，探讨新材料、新技术在建筑中的应用，并在建筑外观表现上凸显着工业化的时代精神。1885年，由芝加哥学派的开创者、工程师威廉·勒巴隆·詹尼（William Le Baron Jenney）设计完成的"家庭保险公司"大楼，是世界上第一座采用钢铁框架结构的建筑，也是芝加哥学派诞生的标志性建筑。路易斯·沙利文（Louis Sullivan）是芝加哥学派最具代表性的人物，他所设计的卡森皮里斯科公司商场建筑，外形简洁雅致，成为20世纪无数办公与商业建筑的原型。弗兰克·劳埃德·赖特（Frank Lloyd Wright）作为现代建筑最伟大的建筑师之一，他早期的一些名作也推动和发展了沙利文的新艺术建筑思想，譬如拉金公司办公楼、罗宾住宅（图1-3）等。

图1-3 罗宾住宅外观

格拉斯哥四人组是英国新艺术运动的代表性设计师团体，它的成员包括查尔斯·麦金托什（Charles Mackintosh）、赫伯特·麦克内尔（Herbert Mcnair）、马格蕾特·麦当娜（Margaret Mcdonald）和弗朗西斯·麦当娜（Frances Mcdonald）。兼具新艺术运动和现代主义特征的格拉斯哥艺术学院，是其代表性作品，也是当时最富时代精神的实验型成果。该建筑采用简单的立体几何形式，结合稍作装饰的内部空间，共同反映着立体主义精神，并在摆脱传统形式束缚的同时，超越了建筑对任何自然形态的模仿。

1897年，以古斯塔夫·克里姆特（Gustav Klimt）为代表的青年艺术家共同组建的维也纳分离派，是奥地利新艺术运动中的核心团体，在成立之初便引起了社会的广泛关注。该组织坚称要颠覆传统的美学观念，割裂与正统学院派艺术的联系，转向强调简洁的造型和装饰的集中。他们的主张和设计表现跨越了传统与现代、装饰与绘画艺术的界限，彰显着与现代生活相结合的自由精神。1898年，由奥别列兹设计的维也纳分离派会馆，具有简洁的方形造型和新艺术运动风格的装饰细节，是分离派的早期佳作（图1-4）。而

图1-4　维也纳分离派会馆外观

与此前后，现代主义的先驱、奥地利的建筑师兼理论家阿道夫·路斯（Adolf Loos）也旗帜鲜明地提出了"装饰即罪恶"的口号。在他看来，装饰是一种文化上的倒退，建筑更应该突出实用性和舒适性。

与上述这些国家在20世纪前后的建筑探索相比，法国显得要沉闷许多。这是因为在该时期，法国的建筑界基本上还是由巴黎美术学院所主导。但是，像奥古斯特·贝瑞（Auguste Perret）和托尼·戛涅（Tony Garnier）等建筑师的出现还是在一定范围内改变了人们对于建筑的理解。比如贝瑞对于混凝土的精细化应用以及对于混凝土骨料填充的讲究，都使得建筑内部结构几何线条变得明显，毫无装饰痕迹的外观充满变化，并对后来勒·柯布西耶（Le Corbusier）现代建筑思想的形成产生了重要影响。

历
史
先
锋
派
与
早
期
现
代
主
义
建
筑
理
论

历史先锋派

　　经历了一个多世纪的孕育，20世纪初叶，人类历史上的第一个先锋时代随着未来主义的出现而到来，相较于之后的后现代先锋派，这个时期被史学家称为"历史先锋派"。达达主义、超现实主义、苏俄先锋派和未来主义一同成为了这一时期的中坚力量，它们所携有的批判与创新精神是前所未见的。

　　1909年2月，意大利诗人、作家兼文艺评论家马里内蒂（Filippo Tommaso Marinetti）刊发于《费加罗报》上的《未来主义的创立和宣言》，是未来主义诞生的标志性事件。该文宣称，近代的科技革命已经改变了人们的物质生活和时空观念，随着新式美学观念的泛起，那些旧有的文化传统渐渐失去价值，为了与现代机器时代相适应，必须对艺术行为进行彻底革新。实际上，这场源于立体主义的未来主义运动所造成的影响，已经从绘画艺术延伸到了雕塑、建筑、诗歌、戏剧和音乐等诸多领域。1914年，年轻的意大利未来主义建筑师安东尼奥·圣·埃利亚发表了《未来主义建筑宣言》，反对传统的、仪式性的和装饰性的设计，倡导建筑与新材料的结合，以崭新的外观与环境相协调。这一宣言既是对未来建筑和城市景象的展望，更是对半个世纪以来诸多零散改革思想的统一。

1914~1918年的第一次世界大战在影响着人类历史进程的同时，也在改变着西方人的思想观念和心理诉求，而在1916年，兴起于苏黎世的达达主义，就是基于这样的背景所生成的一种无政府主义艺术运动。出于对资本主义价值观和战争的绝望，该运动提出了颠覆旧有社会和传统文化秩序的设想，筹划着摧毁僵化和呆板的压抑性力量，追求一种清醒的非理性状态以及一种无意、偶然和即兴而做的境界，拒绝约定俗成的艺术标准、幻灭感和愤世嫉俗。达达主义的影响涉及了视觉艺术、文学、戏剧和美术设计等诸多领域，然而，作为一种处于过渡状态中的激进流派，达达主义持续的时间并不长，于1923年前后，基本上被超现实主义所替代。

1920-1930年间盛行于欧洲文学与艺术领域的超现实主义，延续了达达主义的某些精神，却又与其有所区别。

"超现实主义者不再把自己的思想寄托在达达的虚无主义、无政府主义以及破坏一切的快感上，而是转向了对人类潜意识的笃

信。"⊖

　　它以法国哲学家亨利·柏格森（Henri Bergson）倡导的"直觉主义"和奥地利心理学家西格蒙德·弗洛伊德（Sigmund Freud）提出的"潜意识学说"为哲学和理论基础，强调从人们内在的先验层面出发，去突破那些看似真实而又合乎逻辑的现实感，并借助现实感与本能、潜意识与梦的搭接，来塑造和展现一种非比寻常的情景。超现实主义的代表人物主要有布雷顿、马格利特、达利等，而它作为一种美学观念，对20世纪的美学产生了十分重要影响（图1-5）。

图1-5　达利创作的《记忆的永恒》，1931年

　　苏俄先锋派积极地对当时西欧的诸多艺术流派进行探索，从中获得借鉴，从早期的粗犷和质朴走向了抽象和实用。其中，受立体主义和未来主义的影响最大。1912年12月，作为对意大利《未来主义的创立和宣言》的回应，俄国先锋派发表了名为《给大众品位一记耳光》的宣言。它主张抛弃当时盛行的象征派诗歌，反对传统的

⊖马永建. 现代主义艺术20讲. 上海：上海社会科学院出版社.2005：194.

学院派，号召创设崭新的、实验性的写作方式，倡议艺术体验回归大众生活。作为苏俄先锋派的代表，卡西米尔·塞文洛维奇·马列维奇（Kasimier Severinovich Malevich）提出的"至上主义"可以被视作苏俄先锋派艺术极端发展的产物，其对单纯性的关注，以及运用几何图形与纯色来表现空间关系和运动感觉的方式都对后来的构成主义产生了重要影响。虽然苏俄先锋派在与新苏维埃政权之间矛盾激化的过程中，最终陷入分裂和衰落，但它还是以其深厚的文化内涵和创新意识，为现代艺术做出了不可磨灭的贡献。

以上这些艺术流派和运动的诞生，与西方社会的历史进程密不可分，也受到了政治、经济、文化和哲学等众多因素的共同影响。当然，这些流派和运动的成员在政治信仰、哲学观念等方面都存在着不同程度的差异，但是，他们中的大部分都受到了康德、黑格尔、柏格森、叔本华、爱默生、尼采等人的哲学观点和弗洛伊德心理学影响，并对现实社会中的种种矛盾和弊病进行痛斥，表现出反叛与激进的艺术观。恰恰就是这些反叛与激进的流派和运动催生了历史先锋派，推动着早期现代主义建筑理论的形成和发展。

包豪斯宣言

从20世纪20年代开始，伴随着表现主义的衰退，功能主义的兴起，以及机械美学的扩散，新式的建筑思想迎来了大发展的重要时机，但它却与危机同在，因为人们根本不确定在使用工业技术和新型材料之后，建筑的形式会发生怎样改变。然而，包豪斯的成立，则直接宣告了现代设计的诞生，并成就了建筑历史上的第一个先锋阶段。包豪斯从成立伊始便提出了远大的目标和基本的设计原则，时任校长瓦尔特·格罗皮乌斯（Walter Gropius）就曾在《包豪斯宣言》中旗帜鲜明地提出，

　　"完整的建筑物是视觉艺术的最终目标。艺术家最崇高的职责是美化建筑"○。

　　而其三大设计原则也让现代设计逐步从构想走向现实，让建筑中机械美学和理性思想取代了艺术上的自我表现和浪漫主义。

　　包豪斯校舍自身就是机械美学和理性思想实践的产物，是将法古斯工厂的工业化风格推广到民用建筑之上的经典案例。它打破了传统的建筑样式，获得了纯净与简练的艺术效果，是对"形式追随功能"的完美诠释。在平面布局和空间划分上，它强调分区的明确与便捷实用；在立面造型和视觉构图上，它突出体型的纵横错落与变化有序。同时，它也让新的材料和结构形式得到了充分展现（图1-6）。

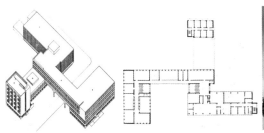

图1-6　包豪斯校舍轴测图、平面图与外观

○ 原文：The complete building is the final aim of the visual arts. Their noblest function was once the decoration of buildings.

现代主义背对传统的意识形态,在包豪斯的基础上发展成熟,反映着精神上、思想上、技术上与形式上的全面进步,具有明显颂扬功能主义的倾向。它打破了千百年来建筑服务于权贵和宗教的宗旨,鼓励建筑师摆脱传统形制的束缚,大胆创作适应于工业化时代的崭新建筑。

"住宅是居住的机器"

作为现代主义思想的奠基者,勒·柯布西耶认为新建筑是应运而生的产物,它既要满足形体的几何尺度和功能的合理要求,也要遵循工业化的建造方法,来反对装饰和超越个人情感,而这些在当时较为前卫的观念也集中反映在他以萨伏伊别墅为原型所总结出的"新建筑"的五大特征之中(图1-7)。

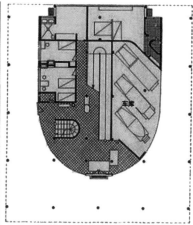

图1-7 萨伏伊别墅外观与平面图

柯布西耶以改革适应新时代为起点，极力推崇工业化的影响，并持续关注现代机械秩序的合理成长。他在《走向新建筑》一书中，痛斥了19世纪以来墨守成规的建筑思想和复古倾向，并坚称"我们的时代正在每天决定自己的样式"。他认为工程师们的工作方式让他看到了时代的先进性。在柯布西耶看来，随着人们对启蒙运动以来的理性观的普遍接受，数学无可置疑地成为了人类创造和用于揭示自身存在的伟大系统，而"机械决定论"所框定的意识形态也就成为了富有创造性和展现时代精神的特殊产物。他甚至认为，任何一种服务于人类的设计作品，都是某种意义上的机器，就像他所提出"住宅是居住的机器"的口号。柯布西耶在《明日之城市》一书中曾旗帜鲜明地强调：

"如果我们承认机械之美是纯粹理性的结果，问题立马就会出现：机械作品没有永恒的价值。每一件机械作品都将会比之前的作品更加完美，不可避免地，它也必将会被后继的作品所超越。昙花一现般的美丽很快落入可笑的境地。然而，事实往往并非如此，在严密的计算过程中，激情已经产生。"⊖

马赛公寓的设计暗合了"居住机器"的理念，它带给人们的不仅是视觉上的冲击，更是设计理念上的创新与更替（图1-8）。

⊖ 勒·柯布西耶.明日之城市.李浩，译.北京：中国建筑工业出版社.2009：45.

图1-8　马赛公寓外观与剖面图

"少即是多"

在第一次世界大战之后，密斯受到格罗皮乌斯与柯布西耶所推动的建筑新观念的影响，完全抛弃了传统的建筑风格，转而强调理性的指引。他在对钢框架结构和玻璃应用于建筑的探索中，发展了一种具有传统式的均衡和极端简洁的风格、一种符合大众化的建筑美学新标准。在这一风格和标准中，密斯秉持了"少即是多"的建筑哲学，力求通过大胆创新的设计手法，来实现完整的建筑形式与朴实的结构的完美结合。另外，密斯还主张在建筑中生成一系列相互渗透和流动的空间新概念，力求实现内外空间的自由融合。所有这些想法在巴塞罗那国际博览会德国馆（图1-9）、伊利诺伊理工学院克朗楼等建筑中都得到了淋漓尽致的演绎。

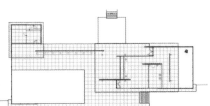

图1-9　巴塞罗那德国馆外观与平面图

在圣托马斯·阿奎那看来，密斯就是20世纪20年代的先锋建筑师中奋力将建筑从折衷主义的时代错误中解放出来的那个人。1930年，在格罗皮乌斯的推荐下，密斯被任命为包豪斯学院的校长，在教学与实践的过程中，他从一系列原则中得出如下的结论：

"驱动和支撑我们这个时代的重要力量是：科学、技术、工业化，以及伴随他们而引起的社会模式和相关需求的经济。通过使用当代的建筑技术，遵循构造清晰的要求，并以结构的原理作指导，他以创造性的建筑语言努力去诠释那些力量。"⊖

显然，通过逻辑的手法，密斯拓展了建筑的观念，并赋予了建筑一种极具先锋精神的目的性和统一性。

<hr />

⊖ 尼古拉斯·佩斯斯纳，J. M. 理查兹，丹尼斯·夏普.反理性主义者与理性主义者.邓敬，王俊，杨娇，崔珩，邓鸿成，译.北京：中国建筑工业出版社.2003：62.

后现代先锋派与解构主义建筑思想

后现代文化的转向

　　二战以后，世界格局中的政治对立和人类社会中的复杂处境，都迫使人们开始集体反思现代理性所具有的价值，重新估量二元对立所产生的影响。特别是那些被战争阴影笼罩和遭受内心空虚困扰的人们，都不再坚信国家前途和社会理想，也不再固守人生意义和传统道德，转而开始反思人生，反省人性。伴随着人们思想的自我解放和集体意识的觉醒，逐渐催生了一种无中心意识和多元价值取向的社会形态。20世纪50年代初，发源于英国，盛行于美国的波普艺术是应当时社会环境的产物，在其最具代表性的艺术家安迪·沃霍尔（Andy Warhol）的画作中，布满了单调、无趣、冷漠、空虚、重复和疏离所营造出的氛围（图1-10），暗示了消费社会中人们内心的无奈和焦躁。该艺术作为打破现代主义的急先锋，为文学、艺术和建筑的后现代转向打下了坚实的"群众基础"。

图1-10　安迪·沃霍尔创作的《金宝罐头汤》，1961年

1956年，美国文化历史学家伯纳德·卢森堡（Bernard Rosenberg）在其通俗文集《大众文化：美国的大众艺术》中声称，某些根本性的变化正在社会和文化领域中发生。显然，这种"根本性的变化"指代的就是后现代转向，只是在这个时期，对于"后现代"的界定还比较模糊，它就偶尔被用来描述文学、艺术和建筑的新样式。1959年，美国社会学家赖特·米尔斯（Charles Wright Mills）在其《社会学的想象力》一书中也曾指出，马克思主义和自由主义已不再令人信服，人类社会正处于现代时期的终结点上，它正在迈入"一个后现代时期"，"后现代精神"将被推向前台。

20世纪60年代以来，后现代主义真正成为了一种具有反西方近现代哲学体系倾向的运动思潮，而在理论上具有这种倾向的哲学家遍布现代西方的各个哲学流派。从西方的新马克思主义到法兰克福学派，再到后结构主义等，无不是对现代主义技术至上的工具理性所进行的反思，颠覆和批判。而这些流派的代表也有很多，譬如当代西方新马克思主义理论家亨利·列斐伏尔和戴维·哈维（David Harvey）、法国著名的后现代主义哲学家吉尔·德勒兹（Gilles Deleuze）、法国哲学家和社会思想家米歇尔·福柯、当代著名的马克思主义文学批评理论家弗雷德里克·杰姆逊（Fredric Jameson）以及当代后现代主义思想家爱德华·索亚等，他们都从不同的层面出发，通过一系列带有前瞻性和可预见性阐释，逐渐拉开了对西方近现代哲学观念发起挑战的大幕。

随着后现代主义商品化的特性对人类社会各个领域的渗透，人类社会也实现了从生产型向消费型的过渡，并模糊了精英文化与大众文化的界限。正如英国学者特里·伊格尔顿（Terry Eagleton）在《后现代主义的幻象》一书中所强调的那样，

> "后现代主义是一种文化风格，它以一种无深度的、无中心的、无根据的、自我反思的、游戏的、模拟的、折衷主义的、多元主义的艺术反映这个时代性变化的某些方面，这种艺术模糊了'高雅'和'大众'文化之间，以及艺术和日常经验之间的界限。"⊖

而在法国哲学家让·鲍德里亚（Jean Baudrillard）看来，后现代社会不再是一个以生产来建构文化的理性社会，转而强调非理性、片断性、消费性和异质性。而这与福柯将"异质空间"概念纳

⊖ 伊格尔顿.后现代主义幻象.华明，译.北京：商务印书馆.2014.

入后现代语境下的批评体系，强调一种带有差别化、不连续的、异质的空间观念存在相通之处。

如果说，在现代理性对应着价值判断的阶段，一切都可以被认定为确定性的，那么，进入到强调多元与异质的后现代社会之后，所有的预设都将不可幸免地坠入到不确定性中。在《后现代理论：批判性的质疑》一书中，美国著名批判理论家道格拉斯·凯尔纳（Douglas Kellner）系统地阐释了后现代理论，强调了对现代性的批判、对后结构主义的批判以及后现代的转向。他指出：

　　"后现代理论还拒斥现代理论所预设的社会一致性观念及因果观念，赞成多样性、多元性、片断性和不确定性。此外，后现代理论放弃了大多数现代理论所假定的理性的、统一的主体，赞成被社会和语言去中心化了的（decentred）碎裂的主体。"⊖

最为有效的反叛

虽然后现代主义一直都在作为一种反叛的角色，试图颠覆现代理性的思维方式和价值观，并对现代主义所避开的一些历史信息进行"回收"，但是，它并没有完全否定现代文明，而是批判性继承，表现的更具开放性和包容性。然而，后现代主义并没有形成稳定的评判标准，它对任何一个文本的解释都能够给出无限种可能，

⊖ 道格拉斯·凯尔纳，斯蒂文·贝斯特.后现代理论：批判性的质疑. 张志斌，译. 北京：中央编译出版社.2011：5.

所以，它自身的局限性与优越性一样明显。相对于后现代主义，解构主义展现出一种最为激进和最为有效的反叛，它以一副完全对抗的姿态，否定历史传统和现代逻辑，力求成为新运动定义的重要组成。

　　解构主义的提出主要是基于对语言学中结构主义的批判，结构主义并非传统意义上的哲学学说，也不具有清晰地界定，但是，它是20世纪下半叶用来研究语言、文化和社会的重要方法，突出强调整体性与共时性。其中，整体性特征与格式塔心理学的观点十分吻合，认为任何一个孤立的部分都不会被理解，只有将其纳入整体的关系中，与其他部分相联系才能生成意义。而解构主义的观念却恰恰相反，认为符号本身就可以反映真实，对于个体的研究比整体结构更重要。结构主义强调透过"要素为中心的"的关系来认识世界，而解构主义却矢口否认结构中心的存在，认为结构中根本不存在具有优越性的位置存在，并以"去中心"的观念，来反对西方哲学史上自柏拉图以来的"形而上学"和"逻各斯中心主义"，反对一切僵化的系统。就像雅克·德里达所认为的那样，解构主义不是一种"在场"，而是一种"踪迹"。另外，在解构主义的观念中，二元对立所面向的事实是流动和不可分离的，而非两个严格区分的类别。所以，概括而言，解构主义就是反中心、反权威、反二元对抗、反非黑即白的批判性理论。

隐喻、象征与多义

　　随着后现代文化在建筑领域的延伸，人们对于空间认知的扩大，以及相对灵活和更富表现力的空间概念在建筑师意识中的滋生，越来越多的建筑师开始质疑建筑空间对机械秩序的推崇。从波普艺术运动，到文丘里的建筑理论新主张，再到詹克斯定义现代建筑的死亡，"后现代"被广泛引入到了建筑领域。它作为对后现代主义思想的回应，同样排斥"整体性"与"中心性"观念，强调文脉、地域性和折中主义，并从作为本体的人出发，看低现代主义建筑抛弃传统文化和过分追求功能的操作，转向强调建筑中人文传统的回归。

1966年，在《建筑的复杂性与矛盾性》一书中，罗伯特·文丘里提出了一套与现代主义建筑观念完全相悖的思想和主张，在建筑界引起了巨大的轰动，也得到了众多建筑师和青年学生的积极响应。而随着众多后现代主义建筑师的深入探索和尝试，比如美国建筑师约翰·海杜克的游牧式冒险手法、意大利建筑师阿尔多·罗西的类型学回归等，以及文丘里的《向拉斯维加斯学习》的出版，建筑界中反对和背离现代主义的情绪更加高涨。

具体到设计层面，文丘里注重设计与场地、环境、文化、文脉和社会的联系，强调对历史建筑信息片断的汇集，从而让建筑在表现自身个性的同时，也能够融入人们生活的大环境。就像他曾说过的，

"一座出色的建筑应有多层含义和组合焦点：它的空间及其建筑要素会一箭双雕地既实用又有趣。"⊖

⊖ 罗伯特·文丘里.建筑的复杂性与矛盾性.周卜颐，译.北京：中国水利水电出版社，知识产权出版社. 2006；16.

不管是书中的理论，还是设计中的具体操作，都表现出了文丘里对含混模糊且具有隐喻和象征意义风格的明显偏好。

实际上，"隐喻"、"象征"和"多义"恰恰就是后现代主义建筑语言的三大特征，表现为建筑造型与装饰上的娱乐性和处理装饰细节的含糊性。作为后现代主义里程碑式建筑，由美国后现代主义代表性建筑师迈克尔·格雷夫斯（Michael Graves）所设计的波特兰大厦，就集中展现了上述的三大特征。在该建筑中，格雷夫斯不仅通过内在固有的属性来反应建筑的原始含义，还为其附加了一些标识性、象征性、幻觉和隐喻的东西，以此来获得一种多重与多义的表达（图1-11）。

图1-11　波特兰大厦外观

对现代理性的彻底颠覆

后现代主义建筑虽然也是基于对现代主义的批判，反西方近现代哲学体系和传统倾向，但是它却并不具备真正的先锋派价值观念和实践理念。与后现代主义从给定的文本、表征和符号中寻找多层面解释的可能性不同，解构主义完全打破了现代主义词汇的联系，重构了现代主义的语法逻辑，重塑了建筑创作的新原则和新主张。解构主义建筑作为一种即成的存在，是解构主义哲学思想在建筑领域的实践，有其坚实的社会背景和思想基础，而作为一种新的建筑思潮，它背对陈旧的价值观念，消解传统的认知体系，显现出激进的思想和变革的态度。

1988年，纽约现代艺术博物馆举行了题为"解构建筑七人展"的展览，成为解构主义建筑发展历程中的一个标志性事件。虽然展览中的大部分作品只是建筑师们构想的一些影像和模型，但是，它们对现代理性的颠覆和对陈旧观念的扭曲，都令人们倍感惊讶，某些媒体甚至将其描述为"搬运途中被损坏的东西"和"事故火车的残骸"。参加本次展览的建筑师包括弗兰克·盖里、彼得·艾森曼、伯纳德·屈米、扎哈·哈迪德、丹尼尔·里伯斯金、雷姆·库哈斯和蓝天组。随着解构主义思想在建筑领域的扩散，这些当时备受争议的建筑师，在随后的时间里迅速占据了建筑领域的先锋地位。

这些解构主义先锋建筑师基于对传统等级秩序的批判和斗争，表现出与传统建筑截然对立和矛盾的外部形态，这些不安分的构想和狂野的表达不仅是对原有秩序禁锢的挑战，更多的还是对发展建筑空间的积极思考。它在成为建筑新的生长点，并向人们展示极具个性的建筑形象的同时，也为建筑概念的拓展提供了更加开阔的思路。

解构主义急先锋

作为解构主义建筑实践的先行者，盖里厌倦了建筑中传统意义上的均衡、稳定的形态特征，他在创作的过程中，借助断裂的几何图形，以及不和谐、非理性的手法突破了传统建筑中的秩序感和陈旧范式，并在实践的过程中逐渐形成了一套体现当代文化特征的形态语言体系，同时加入了大量可理解的不确定信息。由他设计的圣莫妮卡自宅（图1-12）、毕尔巴鄂古根海姆博物馆和沃特·迪士尼音乐厅等项目，都向人们集中展示了社会多层面特征和个性化表达，以及不同文化之间的交融对使用者心理需求的满足。

图1-12　盖里设计的圣莫妮卡自宅

与盖里的狂野相比，艾森曼是一位令人费解的解构主义先锋建筑师、一位痴迷于"游戏的老顽童"。他质疑建筑设计中现行的种种标准和原则，他的设计基本不受现代建筑教条的约束，特别是在受到后现代主义哲学家吉尔·德勒兹、结构主义先驱索绪尔和解构主义哲学家雅克·德里达的影响后，其建筑风格更加肆无忌惮。他既着力探讨了系统或组织的"深层结构"及其与"表层结构"之间的转换，也尝试着从拓扑几何学、麦卡托网格等不同领域借用众多理论术语，来填充自己的建筑语言，丰富建筑形式，使其脱离传统的界定而成为一套由自身逻辑关系演变而来的符号，并让建筑文本的意义也从建筑本身转移到观众与它接触时的体会上面（图1-13）。对于艾森曼而言，建筑创作不仅仅是线性的过程，它更像是一种有着"严肃的活力"的游戏，使其几十年如一日，乐在其中而不能自拔。

图1-13　艾森曼设计的维克斯纳视觉艺术中心

同样是解构主义的代表性人物，屈米反对现代理性和机械思维对当代都市生活的真实性和差异性的忽视，并认为现代理性和机械思维是造成现代建筑枯燥乏味的根本原因。他在设计中通过组织事件的方法，建立起层次模糊、不明确的空间，并借此暗示一种较之惯常的生活更有效的方式。他的创作为人们提供的是一处充满生机的场所而不是重复已有的美学范式，就像他在巴黎拉·维莱特公园（图1-14）、雅典新卫城博物馆的设计中所表现的那样。

图1-14　屈米设计的巴黎拉·维莱特公园

　　解构主义建筑哲学的出现绝不是偶然，它所要消解的也不是建筑本身。除了盖里、艾森曼和屈米，里伯斯金、哈迪德、梅恩以及其他一些建筑师或事务所也都在解构主义建筑领域产生着重要的影响。其实，随着时间的推移和思考的深入，这些解构主义建筑师的设计也逐渐超越解构本身，开始接受和吸纳了复杂性科学与哲学的影响，积极地投身于当代先锋建筑的实践中。

当代先锋派与建筑中的复杂性趋向

复杂性科学的"涌现"

早在20世纪初期，美籍匈牙利科学家冯·诺依曼（John von Neumann）就曾提出，阐明复杂性的概念和复杂化的倾向应当是20世纪科学的主要任务。后来，物理学家塞斯·劳埃德也曾做过统计，对于复杂性的认识，仅在科学领域就多达45种，而且这个数量还会随着新的认识不断"涌现"而持续上升（图1-15）。其中包括了初期的系统论、信息论和控制论，以及后期的耗散结构理论、超循环理论、突变论、协同学和分形理论等，这些学科的发展

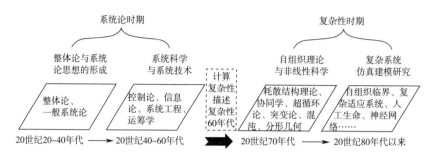

图1-15　复杂性科学的主要发展历程[⊖]

不仅推动了自然科学界的深刻变革，也全面地影响着哲学与人文社会科学的跨越性转变。总体而言，对于复杂性科学的研究，在主流层面主要包括普里戈金的布鲁塞尔学派和圣塔菲研究所（the Santa Fe Institute，SFI）的理论；而对于复杂性哲学的研究，则以埃德加·莫兰（Edgar Morin）和吉尔·德勒兹的学说最具代表性。

　　1979年，普里戈金与斯汤热在其合著的《从混沌到有序：人与自然的新对话》一书中公开质疑统治西方科学的机械论，在该书的导论中这样写道，

　　"经典科学中所强调的是一些与时间无关的定律。我们将看到，一旦测量出某个系统的特殊状态，就会提出一些可逆的经典科学定律来，以决定该系统的未来，恰如这些定律已经确定出该系统的过去一样。……但是用这样的方法描述自然，事实上是被贬低了，这又使我们受到了打击，因为正是由于科学的成功，自然被证明只是一部自动机，一个机器人。"[⊜]

⊖ 刘劲扬. 哲学视野中的复杂性. 长沙：湖南科学技术出版社.2008：30.
⊜ 普里戈金，斯唐热.从混沌到有序：人与自然的新对话.曾庆宏，沈小峰，译.上海：上海译文出版社.2005：3.

与此同时，该书又指出一个根本性的转变正在发生，并明确地提出了"复杂性科学"的概念，而在这一与传统经典科学对立的存在中，不可逆性和随机性逐渐取代了可逆性和决定论。

与布鲁塞尔学派有所区别，在1984年，创建于美国的圣塔菲研究所，主要是基于"存在西方以外的科学体系"的认识，所采取得跨学科研究方式，针对复杂性系统科学和复杂适应系统展开研究。在圣塔菲研究所的学术带头人默里·盖尔曼（Murray Gell-Mann）看来，事物的有效复杂性受到规律性的影响并不大，大部分的影响来自于"冻结的偶然事件"，研究复杂性科学的重心应该从对客体或外部环境的复杂性的关注转向主体或内在的复杂性。他在《夸克与美洲豹：简单性和复杂性的奇遇》一书中，就复杂性科学中正在出现的综合趋势提出看法，并将量子力学为主的理论物理学研究与进步思想为主的生物学研究进行结合，来揭示复杂的现实世界。

概括而言，复杂性科学的主要任务是以复杂性系统作为研究对象，基于超越经典科学的不可逆性和随机性思维，来揭示和解释复杂适应系统的运行规律。而其在研究方法论上的创新和突破，则带给科学研究前所未有的变革动力，并赢得了广泛的赞誉。然而，人们对于复杂性的认知尚处于初始阶段，所以没有权威或者机构能够对其做出严格而又科学的学术定义。或许正如苗东升在《论复杂性》一文中所说的那样，复杂性科学作为最复杂的概念之一，或许根本不存在统一的定义，而只接受单一的复杂性，也会否定复杂性本身。

埃德加·莫兰的复杂性学说

显然，复杂性科学对于复杂性的认识和定义都存在一定程度上的局限性，所以很多哲学家或思想家也会将目光投向人文科学领域，希望从中找到一些合理的途径或有效的补充。其中，法国当代著名的思想家埃德加·莫兰是当代思想领域最先将"复杂性"作为课题进行研究的思想家，他早期主要从事人文科学和自然科学的研究工作，后来受到先期复杂性科学的影响和启示，转向对传统机械思维方式的批判和对现实"复杂性"的探索。1973年发行的《迷失的范式：人性研究》一书，具有突破性的意义。在该书中，莫兰正式提出了"复杂性方法"。在莫兰看来，现实是极其复杂的，它的存在状态远远超出了任何理性体系所能解释的范畴，"复杂性方法"的提出并不是试图去解释一切现实，而是明确现实是一种复杂性的存在，由还原论和机械决定论主导的传统思维粗暴地割裂了事物之间的复杂性联系，掩盖了事物本身存在的真相，正视复杂性是人类社会进步的必然选择。

除了《迷失的范式：人性研究》之外，莫兰还先后出版了《复杂思想：自觉的科学》《复杂性理论与教育问题》《复杂性思想导论》和《人本政治导言》等一系列的著作。通览这些著作，我们可以发现，莫兰始终都没对复杂性做出明确的定义，而只是通过不同的度来对其进行界定。这是因为在莫兰看来，

"我们不可能通过一个预先的定义了解什么是复杂性。我们需要遵循如此之多的途径去探求它，以致我们可以考虑是否存在着多样的复杂性而不是只有一个复杂性。"⊖

⊖ 埃德加·莫兰.复杂性思想导论.陈一壮，译.上海：华东师范大学出版社.2008：139.

　　另外，莫兰的复杂性学说也包含着强烈的辩证逻辑，对于复杂性事物的认识，莫兰提出了一个"两重性逻辑"原则，这是一种二元统一的观念，譬如有序与无序的统一、偶然与必然的统一等，其核心思想打破了有关有序和无序之间的相互对立、排斥的传统观念，提出了有序与无序是可以相互作用和影响的系统化产物，并表现出强烈的动态性特征。

吉尔·德勒兹的"生成学说"

　　吉尔·德勒兹的哲学思想没有像莫兰的学说那样围绕着复杂性展开论述，而是通过与索绪尔的语言符号学、弗洛伊德的精神分析学和卢卡奇的马克思主义等理论成果进行深层对话，来揭示事物中的"多样化"与"差异性"的复杂现象。这些复杂现象是超越同一的，因为在德勒兹看来，现实中的事物从未处于同一性的状态之中，只有在差异和欲望所覆盖的多样性中才存在复杂。显而易见，德勒兹的哲学同德里达一样，充斥着对一切中心性和总体化的攻击，暗含着一种颠覆和创造性的力量。

　　从本质上讲，德勒兹的哲学是关于复杂生成的本体论，他认为现实世界充满着差异与重复、对立与统一、复杂与简单、折叠与展开，以及分化与生成，一切都是"褶子"。在德勒兹的哲学中，"块茎"概念最能直观反映这种复杂性的"生成学说"，"块茎"不具有固定的生长取向，而只是一个异质的、无序的和多样化的网络生长系统，而生命恰恰就是源于异质的流动、生成的冲动和区别于他者的倾向。德勒兹提出的"褶子""块茎"等概念与当下的数字技术非常契合，对当代先锋建筑形态的复杂性趋向产生了重要影响（图1-16）。

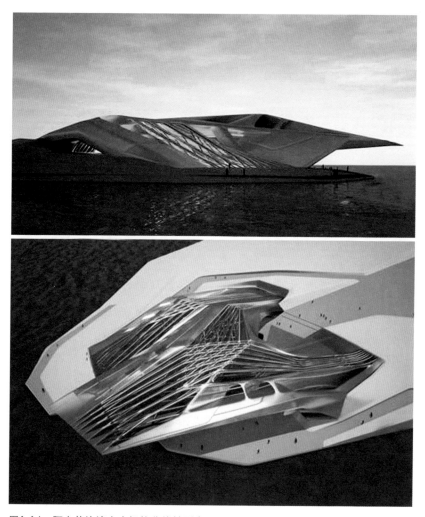

图1-16　阿布扎比淡水广场的非线性形态

日常之中的复杂图景

20世纪后半叶，在复杂性科学与哲学不断"涌现"的同时，发展异常迅捷并日渐成熟的信息技术革命也在推动着世界格局的变革，全球化、信息化、网络化和消费化的社会特质犹如"病毒"一般几乎扩散到了社会的每一个角落，知识爆炸和信息泛滥成为了新常态。可以说，随着全球化语境下人们认知观念的深刻变化，以及复杂性科学与信息技术对各个领域的全面渗透，一种适应信息时代的社会文化也逐渐形成，并引发了一场较为彻底的反权威、反精英和反主流的运动，它的进步性和超越性是以往任何一个时期都无法比拟的。然而，人们的思想和观念在实现超越的同时，也陷入了持续的变动之中，不确定性和危机感随之而来，它直接导致了人们观察和理解世界方式的不断更迭，以及当代社会多元化图景的形成。

随着人们生活模式和思想观念的改变，传统文化也渐渐脱离了平稳的轨道体系，进入到加速的、不断增长的、混乱混沌的和多向度的模式之中，呈现为多样性的、矛盾的、分裂的和无极限的状态，最终不得不面对被边缘化、消解，甚至于替代的局面。而与传统文化和思想观念的遭遇一样，人们的审美趋向也受到信息技术颠覆性的影响，信息技术的介入改变了以往空间审美对真实空间的依赖，丰富了空间审美的方式，将对现实空间的体验转变为对虚拟空间的体验，从而可以使空间的审美活动不受时间、地点、背景或者其他因素的影响而存在。另外，信息技术也使得审美趋向朝着更加自由的方向无休止的延伸，表现出超常规尺度的跨越性和不同寻常的穿越体验。

人类社会当前所经历的一切变革都在验证着霍金提出的"21世纪将是复杂性科学的世纪"的看法，作为对信息社会中诸多复杂与多元化局面的应对，复杂性逐渐浸入到日常学科的理论和实践中。人们承认了这些复杂性现象的普遍存在，但是对于这些复杂性现象的认识还处于观察、体验、感知和研究的过程中，而非真正意义上系统且完整的阶段。当代社会的复杂性现象与后现代主义文化有着很深的渊源，在前文中，也提到了后现代主义极力赞美的复杂性，它的批判性为人们了解文化和美学中的异质性图景打开了一扇窗户，但它对于复杂性的认识和理解还是过于浅显。而在当下，随着后现代文化与当代信息技术的深度结合，为揭示当代社会的复杂性现象提供了可靠的动力机制。

众所周知，无论怎样的艺术形态，它在本质上都存在与其对应的主导概念，即便是在初始阶段，它被某些随机或偶然性因素所遮掩。具体到建筑领域，如果说大工业革命引发了早期现代主义建筑的理性之美，批判性哲学引发了后现代主义和解构主义建筑的异质之美，那么，复杂性思想与信息技术又将带给当代建筑怎样的美学转变呢？

建筑学延续不到2050年？

2000年，库哈斯在普利兹克建筑奖的授奖仪式上就曾明确地指出，人类如果不能够脱离对真实的依赖，不能够将自身从"永恒"中挣脱出来，将建筑作为思考的媒介或手段，去介入和关注那些正在发生的现实问题，建筑学或许延续不到2050年。这样一番令人咋舌的言论，不免让我们疑问：这究竟是一种预见还是危言耸听呢？再者说，是一种什么样的机缘让库哈斯在这样场合讲出这番话语？显而易见，库哈斯早已深刻地意识到了信息技术与复杂性思想所即将引发的社会巨变，以及随着信息技术的渗透和复杂性思想的扩散，当代建筑所要面对的前所未有的"复杂"与"不确定"局面。

其实，库哈斯之所以成为了当代西方建筑界最具影响力和争议性的建筑师，既源于他强烈的变革精神和叛逆个性，也在于他在建筑哲学思想方面的积极探索，以及他对建筑本质的全面思考。库哈斯对于现实的复杂有着清醒、深刻和独到的认识，他总是能够跳出传统思维的限定，重新审视建筑在当代社会中所面临的各种挑战。他早在1978年出版的《疯狂的纽约》一书中，就从社会学的角度入手，针对当代大都市密集性文化现实进行了超现实主义批评，并且几乎将人们能够接触到的新事物都纳入到了建筑学的反思之中。

库哈斯将建筑本身作为一种突破既定理论框架的思考，涵盖了社会、城市、文化、历史、科学和虚拟世界等可接触到的所有方面，而正是这些反思构成了库哈斯与众不同的理论基础，使其抛弃了经典的建筑美学，抛开先前的假设，以行为和事件作为切入点，从社会学角度发展出一整套建筑空间关系的新框架。他的设计代表着一个脱离了历史包袱，拥有着一种独特的激进气质，并迈入了一个纯粹的、陌生的自由运动的空间领域，诠释着一种属于未来的极端现象（图1-17）。

同库哈斯一样，查尔斯·詹克斯也较早地注意到了当代建筑中的复杂趋向，并指出复杂性科学与哲学的发展是诠释当代建筑复杂性的最佳依据。的确，当代建筑所呈现出的复杂性趋向与后现代主义、解构主义建筑思想和风格都存在很大的不同，其形态的可塑性

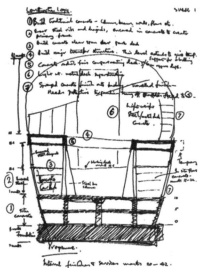

图1-17　库哈斯设计的利布吉海运站方案图

呈现出无限可能，其意义和能指也开始变得像迷一样，趋于含混和不确定。而具有历史使命和创新精神的建筑师们，只有将信息化社会的复杂性作为设计的基本策略，才能反映当代人们的复杂审美心理和意识形态的变迁，以应对当下人们的审美异化带给建筑审美的新挑战。

　　20世纪90年代以来，雷姆·库哈斯、让·努维尔、扎哈·哈迪德、伊东丰雄、蓝天组、妹岛和世与西泽立卫、汤姆·梅恩、格雷格·林恩、UN Studio、MVRDV、FOA和NOX等当代先锋建筑师或团体，借助非传统的思想、形态、空间和结构的独特表达，引发了全球性的关注。比如让·努维尔透过敏锐独到的视角、哲学思辨的语境以及暧昧包容的思维，来寻求建筑的物质功能与精神需求之间的平衡，实现时代精神与传统文化的融合。扎哈·哈迪德借助复

杂性与超理性思想作为建筑创作的基本策略，不断革新着建筑的形
式、空间和技术观念。弗兰克·盖里则将大众文化形式运用到创作
之中，来突显信息化社会内在的合理性因素，借鉴精英文化的先锋
式创作理念来突破传统范式，展现建筑的个性与独特魅力。伊东丰
雄为了实现对现代主义的超越，提出要在保持建筑规范的基础上对
其进行异化的想法。然而，随着个性化表达的此起彼伏，先锋文化
和建筑也不再曲高和寡，逐演变成为一种时尚，成为人们热衷于消
费的对象。这种局面的形成恰恰是基于数字化信息技术的支持、异
质性的建构，以及复杂-非线性思维实现异质共生的策略的共同作用
（图1-18）。

图1-18　UN Studio设计的梅赛德斯-奔驰博物馆外观与内部空间

图1-18　UN Studio设计的梅赛德斯-奔驰博物馆外观与内部空间（续）

当代建筑中的复杂性趋向

　　在复杂性科学中，与建筑学发生紧密关联的当属混沌理论（Chaos Theory），它以非线性系统为研究对象，是一种综合了量化分析与质性思考的复杂性研究方法。在美国气象学家爱德华·诺顿·洛伦兹（Edward N.Lorenz）最先提出混沌理论时，就曾明确指出非线性系统的复杂呈现为多样与多尺度的特性（图1-19）。这一看似轻描淡写的观念转变是对传统思维和观念的打破，是对僵化的、机械的宇宙论的颠覆，它将人们的目光牵引到了全新、全面

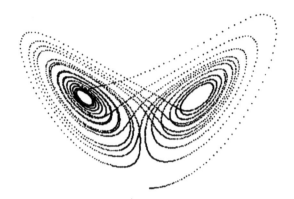

图1-19 混沌理论中的非
线性系统

而又深刻的有机主义新视野之中。混沌学家并不排斥有序与无序之
间的混沌状态，相反，在他们看来，现代主义建筑的秩序感是野蛮
的、僵化的和无趣味性的，建筑师们固守这样的秩序感，并遵从人
为万物的尺度是不可理喻的。曼德勃罗认为，那些令人感到满意的
艺术并没有特定的尺度，因为它本身包含了一切尺度的要素。显
然，混沌学家的问难让固守传统空间观念的建筑师感到窘迫，而传
统建筑所坚守的风格、流派和主义等观念，也在数字信息化与混沌
思想的双重作用下，被消解于无形。

　　在当代先锋建筑师的作品中，经常出现一些非笛卡尔体系的
复杂形态，它们的设计概念和方法与以往的建筑极为不同，是数字
化革命最直接的反应。数字与虚拟技术在建筑上的应用已经相当广
泛，它也已经从最初的辅助设计角色，逐渐转变成为设计本身。数
字技术不仅拓展和延伸了建筑师们的设计思维，还为建筑师们探索
更加新异的建筑形式和空间提供了更多可能性。作为近些年来，数
字化建筑研究领域的代表性人物，哥伦比亚大学的格雷格·林恩的
创作思想深受德勒兹生成哲学的影响，这种影响主要集中在数字化
的状态模拟，以及寻求建筑中的复杂性等方面。

058

与当代先锋建筑的形态表达不同，当代先锋建筑中的复杂性趋向主要体现在系统的开放性、内在的不确定性和生态的有机共生等三个层面。系统的开放性深得蓝天组的青睐，蓝天组的建筑思想是对现实世界"复杂性"的思考。在蓝天组看来，

"建筑师的设计能够和作家们的创作一样，充分构拟、揭示和表现我们世界的复杂性和多元性。"⊖

系统的开放意味着一种不受约束的空间，能够为使用者提供更多的可能性。内在的不确定性在妹岛和世和西泽立卫的建筑中，被诠释得最为精到。虽然深受库哈斯和伊东丰雄的影响，但是妹岛和世与西泽立卫思想的成熟则主要源于自身对人性的深刻理解和领悟，并通过在建筑中广泛使用的透明或半透明物质，以及其他一些尽可能轻巧的材料来构筑空间，生成交错的意念和模糊的界线。妹岛和世曾说过：

"我们目前使用的建筑设计方法首先是让建筑物的内容，即建筑物内部人们的活动，来创造建筑形式，这种想法极其现代。"⊖

而生态的有机共生也正在被越来越多的先锋建筑师所接纳，譬如格伦·马库特、杨经文等，他们的建筑实践注重全球化视野与地域性操作的结合，突出生态与可持续性等特征。

⊖《大师》编辑部.蓝天组.武汉：华中科技大学出版社.2007：24.
⊖ Kristin Feireiss, ed., The Zollverein School of Management and Design, Essen, Germany, Munich：Prestel, 2006.

显然，在当代多元化的语境下，基于数字信息技术、复杂性科学与哲学以及共生思想的共同影响，当代先锋建筑的创作正在呈现为一种更具辐射性、媒介性和适应性的时代特征，而这也贴近了建筑史学家N·佩夫斯纳的理解，

"建筑并不是材料和功能的产物，而是变革时代的变革精神的产物。"⊖

当代建筑师及其先锋创作中的前瞻性探索，既是建筑应对全球化、信息化、资本化、大众社会和时空压缩等全新课题所作出的积极尝试，也是全面突破现代理性的限制，开始挖掘建筑的真实性和潜在性，关注人们的内心感受和知觉体验的诗意传达。在这个阶段中，不管是建筑还是城市，都可以被视为"盖娅假设"的复杂有机系统，我们不可以对其完整性进行粗暴地割裂，也不能脱离其存在的背景加以解释，因为，它在建构异质性的同时，更加崇尚共生的秩序（图1-20）。

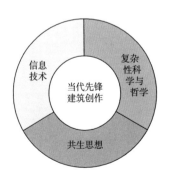

图1-20　当代先锋建筑与信息技术、复杂性科学与哲学以及共生思想的关系

⊖刘松茯，丁格菲.让·努维尔.北京：中国建筑工业出版社.2010：2.

第二章

当代先锋建筑中的异质性建构及其相关语义

思想 → **理性超越与去总体性**

＋

参照 → 中心的消解与界定的模糊

＋

形态 → **变异与反逻辑**

＋

功能 → 多义与不确定性

＋

空间 → **多场景构图与戏剧性**

＋

语言 → 断片的对峙与非连续

　　对于当代先锋建筑中异质性的建构及其相关语义的理解，本章主要深入到当代先锋建筑具体操作中的六个层面，即思想、参照、形态、功能、空间和语言等。对于这些层面的系统解读，既能够帮助我们拨开当代先锋建筑高不可攀、居高临下的神秘面纱，也能够使我们清晰地意识到当代先锋建筑异质性建构的逻辑方式和手段，并通达其背后的相关语义。

思想：理性超越与去总体性

"思想"的异质性建构

自希腊文明以来，理性观念逐渐成为了西方文化中的核心部分，并在科学知识的构成中表现出无限的优越性和强大的功用性。而总体性概念也是由来已久，它早在卢卡奇的《小说理论》中就被作为一种乌托邦的理想状态，以期消除所有的对立和冲突。然而，在经历了轰轰烈烈的启蒙运动，过渡到现代主义阶段之后，理性与总体性概念却逐渐演变成为了一种霸权思想，它们通过一系列"清规戒律"的制定，几乎扼杀了所有有所企图的差异和个性。这对于文学、艺术和建筑而言，简直是灾难性的，因为理性与总体性更多表现为一种惰性力量，它们的统治性存在，即压制了创造性行为，也消除了创造活动中的积极意义。显然，被寄予厚望的现代主义并没有带来完全公平的社会秩序，它所生成的局面也是与包括德国哲学家阿诺德·盖伦（Arnold Gehlen）在内的诸多人士对于现代性所倡导的"自由精神"的定义和认识相偏离的。所以，一直以来，众多哲学家都在批判这种悬置人类情感，并将人类自身还原为没有精神的客观物质的理性或总体性观念。

尼采曾经指出，知识的获取并不是人类的最高目标，理性主义的知识论也必然会消磨掉人类自身的生命意志，然而生命意志才是人类的本质，超越理性至上的精神才是人性最根本的表露。法兰克福学派也认为，渗透到社会总体结构之中的工具理性是造成单面社会、单面文化、单面人性的思想根源，有必要借助价值合理性来取代单面的用途合理性。德国哲学家西奥多·阿多诺（Theodor W.Adorno）则直接提出，人类自身的解放绝不意味着一种总体性。

二战以后，随着人们对粗野的现代理性与总体性的厌倦，以及后现代先锋思想的成熟，人类迎来了一次真正意义上的集体意识大释放。虽然后现代主义所营造的愉悦的亲切感暗含着盲目和无意识的冲动，但是它对于理性的超越和对总体性的叛逃所显现出的进步性却是无可比拟的，它让人们可以公开地质疑和揭示社会与文化中的深层规则，畅谈自由与个性。可以说，理性超越与去总体性是后现代思想异质性建构的原点。

相比于成熟的现代主义的完整性和明晰性，后现代主义实际上并不存在统一的、明确的理论或主张，它的具体指向总是饱含着异质性。当代先锋派恰恰就是通过这种含混的异质性构建来寻找创造性的自我实现，在经过大概半个世纪的扩散和孕育后，这种"自我实现"开始摆脱现代理性与总体性的束缚，获得了前所未有的自我宣扬的合法性。

　　作为当代先锋建筑师，斯蒂文·霍尔（Steven Holl）不管是在理论上，还是实践中，都表现出了对理性与总体性的反感。在他看来，与其强调建筑技术与风格的总体性，不如使其向场所的非理性开放。霍尔的认识暗合了当代先锋建筑师的一种普遍意识，即明确反对任何形式的总体性构想，在建筑的表达中倡导一种"理性超越"的观念和方式，以此逃离总体性的囚禁和约束，充分展现建筑的自主性、异质性和独特性（图2-1）。

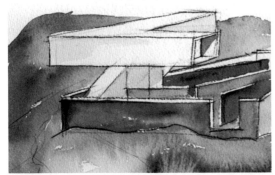

图2-1　南京四方当代美术馆构思草图与外观

相关案例中的相关语义

在当代建筑领域，蓝天组以其激进和不受约束的设计构想观念而成为解构主义急先锋。他们对于建筑的创作和空间构想，冲破了可预见的功能与形式的统一，转而遵从内在情绪的涌动，生成了贴近情感和激动人心的产物，就像自我燃烧的火焰或者变幻莫测的浮云。这一思想上的根本性转变使得传统认知观念下的笛卡尔坐标系发生震荡，欧几里得几何秩序发生倾覆，那些曾经看似明确的、完整的，或者几近僵化的建筑关系都遭到"拆分"，异质性被暴露出来与情感直接对话，并被通过不确定性的方式进行重组，来包纳那些复杂多变的空间、运动和事件的发生，构拟和还原现实世界中的"复杂性"（图2-2）。

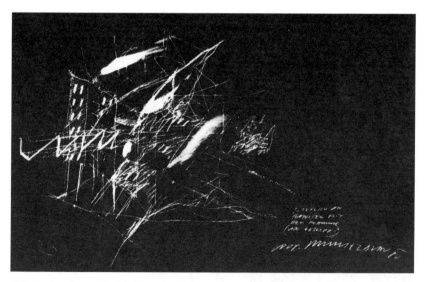

图2-2　蓝天组不受约束的构想

屋顶律师事务所改造工程，虽然规模不是很大，只有400余平方米，但是，对于蓝天组甚至于当代先锋建筑而言，都算得上极具跨越性和实验性的作品。它以其理性超越与去总体性的思想，以及对异质性的强调，改变了人们传统的审美认知。整个改造部分张扬且富有表现力，犹如一只骑在屋顶上的蝗虫，或者一堆堆砌在屋顶上的爆炸碎片。折痕明显的通透玻璃与纤细僵硬的金属线条相互穿插，打破蓝天与原有建筑交界处的平静。显然，在这个散发着奇异而又迷人光芒的改造建筑面前，人们不得不把眼光投向未来（图2-3）。

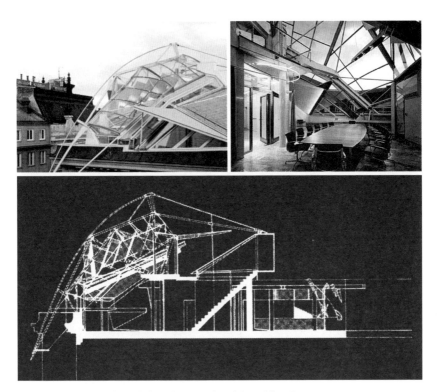

图2-3　屋顶律师事务所改造设计外观、内部空间及剖面图

作为当代极富创造力的先锋建筑师，扎哈·哈迪德自伦敦AA School学习开始，便受到了马列维奇的至上主义，以及塔特林和康定斯基的构成主义在内的俄国先锋艺术的深刻影响。她从这些绘画艺术中汲取了超理性与去总体性的构想观念，并借用极端抽象的几何关系来探讨形式之间的动态构成，在看似散乱的画面中维持异质性和不连续性。哈迪德的超理性思想涉及到与建筑发生关系的各个层面，比如社会、文化、环境、场地和材料等。

由哈迪德设计的辛辛那提当代艺术中心，位于市中心的坚果大街与第六大街相交的十字路口一侧。在设计中，哈迪德拒绝延续周围建筑的形式和秩序，而是由超理性与去总体性的思想来把控整个构想，通过建筑自身异质性的强化，来确立作为城市活性生活空间的"起搏器"。对于面向街角的艺术中心的外立面处理，哈迪德结合垂直排列的展览展示空间，让朴素饰面的块体与通透的玻璃、精致的金属线条相碰撞，犹如水平错动的立体拼图，丝毫感受不到重力所产生的影响。坦率地讲，这些朴素而又简练的动态构成在传统的城市空间中也获得了出位的效果，塑造着新式建筑的自主性和异质性，创造了一处平实而又不失品位的艺术场景（图2-4）。

图2-4　辛辛那提当代艺术中心概念图、外观及内部空间

参照：中心的消解与界定的模糊

"参照"的异质性建构

随着对外部世界和自身认知的加深，人类逐渐在内在意识中形成了相对稳定的参照。在抽象的数学和物理学层面，这一参照通常都被描述为三维或多维空间，而具体到物质化的建筑和城市空间，它又被解读为头顶的星空和脚下的大地。然而，人们对于建筑和城市空间的认知在经历了分化、解放和扩张之后，参照的空间开始超出星空和大地，而与此相应传统观念中的形而上学的中心性也遭到瓦解，扩散成为凯文·林奇（Kevin Lynch）所指的某种环境意象，或一个观察者与被观察者之间相互作用的过程。而雅克·德里达则在其解构主义策略中强调用差异性颠覆总体性，以"去中心"的观念对抗西方哲学史上自柏拉图以来所确立的逻各斯中心主义，他坚称，任何结构本身都是匀质的，根本不存在等级的划分，不存在一个所谓的中心，任何一个位置都不具有优先性。

在《建筑中的空间运动》一书中笔者曾提出：

"空间的秩序性一直以来都是空间构成的主要内容，是调和空间多样性和矛盾关系的直接手段，是人们体验和识别空间的重要参照。然而，随着空间运动和事件的混沌多义与不确定性的增强，异质元素的泛滥，以及人们对单调空间形态的厌倦，建筑和城市空间呈现出一种过度的复杂性。它使得可识别的空间线索变得模糊，空间隐喻变得含混，空间肌理遭到割裂。"⊖

如果说中心性和秩序性是现代理性建构的参照，现代理性是后现代文化生成的参照，那么深受后现代文化影响的当代先锋建筑解构与重构的参照又是什么呢？根据德里达的"去中心"观念和林奇的"环境意象"概念，笔者将其概括为中心的消解和界定的模糊，就像笔者曾强调的那样，

"建筑中的空间界面究竟是什么呢？是空间中的一排柱子、一堵墙、一扇窗；还是墙壁、台阶和栅栏；是地面、天花和烟囱，还是道路、蓝天和白云；亦或是外部空间中那些纷繁杂乱的事件，是

⊖ 徐守珩.建筑中的空间运动.北京：机械工业出版社.2015：213.

人们内心意识中某些根深蒂固的东西。"⊖

    边界对于传统的建筑和城市空间而言，是明确的对立、分割和封闭的地方，是内部空间的结束和外部空间的开始，而在当代多元化的语境下，边界是融合、对话、渗透和交织的场所。在诺伯格·舒尔茨看来，人为场所的特性在很大程度上是由"开放"的程度所决定的，而边界的坚固性和透明性却会使得空间变成为孤立或广阔的整体中一个部分。所以说，对于面向开放的当代先锋建筑而言，界定的模糊是其整体开放的基本条件，它表现出非固定的、动态的、模糊的和不稳定性等特征。所谓的整体开放，概括而言主要体现在以下三个方面：其一，它在垂直和水平两个方向上都展示出多样性"存在的向度"，对内部空间开放，接纳人们所有的日常行为；其二，作为内外空间的过渡，它是开放的系统，是内外信息和能量交互作用的场所；其三，它对外部空间开放，能够反映出地域环境中的文化和意义。

    当前，随着由信息技术、虚拟网络等所构建的外在因素，以及由意识形态、认知层次等所决定的内在因素的共同作用，当代先锋建筑创作中的"参照"的异质性建构，变得愈加宽泛，从物理空间延伸到精神空间，从真实空间跨越到虚拟空间。

相关案例中的相关语义

    妹岛和世与西泽立卫是当代先锋队伍中非常特别的一组建筑

⊖ 徐守珩.建筑中的空间运动.北京：机械工业出版社.2015：189.

师，他们从库哈斯和伊东丰雄的思想中学习到了观察和思考外部环境和事件的方式，并形成了相对完整和独特的理解。在建筑实践中，他们没有像一些西方当代先锋建筑师那样表现出激进的批判性，看上去是如此地温婉和淡雅，然而，在其淡雅的表象之下，却又总浮现出一些令人不可捉摸的层次和深度。随着对其思想和作品的深入了解，我们惊奇地发现，其实，妹岛和世与西泽立卫对于传统设计观念的颠覆一样地大胆和直接，他们对于建筑内外空间的解构和重构十分彻底，几乎剔除了所有的修饰和浮夸，转而强调一种匀质概念，可以说，在妹岛和世与西泽立卫的设计中，中心被消解到只剩下了模糊的界面。界定的模糊也成为了外界识别他们建筑创作的一个标签，在这个标签化的操作之下，即便是非常普通的空间，也往往都会生成一种耐人寻味的暧昧场景。在妹岛和世自己看来，她所经历的是设计过程本身，以及在过程中所寻求到的无数可能，最终，设计也就成为了一个自我接受的过程。

位于美国俄亥俄州，由妹岛和世与西泽立卫共同设计的托莱多艺术博物馆的玻璃馆项目，作为一个小型博物馆，主要用来展览玻璃工艺品。在该建筑内外空间的构筑中，玻璃被自由而又娴熟的运用，而由这些通透的玻璃所形成的模糊界面也让建筑自然而然地融入到了场地与周边的环境中，显得十分低调与谦和。在建筑内部空间的组织中，每个空间貌似相互连通，却又相互分离，结合透过通透的界面所接收的光线，共同营造出了一种轻盈、透明、宁静、幻化与氤氲的氛围，制造出了一种非比寻常的、模糊而又神秘的体验（图2-5）。

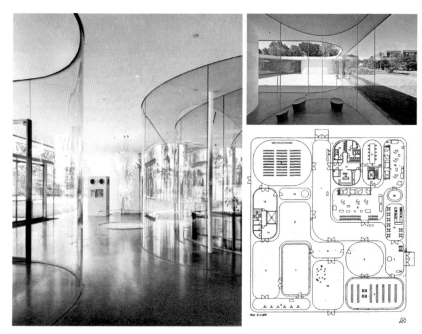

图2-5　美国俄亥俄州托莱多艺术博物馆的玻璃馆内部空间与平面图

　　妹岛和世与西泽立卫对于空间开放性和流动性的强调不遗余力，有时候，甚至于空气也成为了他们驱散等级秩序，生成模糊界面的道具。他们所营造的空间往往会将人们从惯有的体验和透视框定中解放出来，回归最原始的交流状态之中，关注自身的行为和事件的发生，让空间、运动和事件成为真正的主角，这样一来，既消解了现实世界的复杂，也与电子时代弥漫的虚拟状态相适应。

　　由妹岛和世与西泽立卫设计的另外一个项目——蜻蜓的长廊凉亭，是一处搭建在伦敦蛇纹岩美术馆的临时艺术性装置建筑，除了60座的咖啡吧和150座的多功能厅之外，主要布置了一些散座和供儿童游乐玩耍的空间。在该建筑中，延续了建筑师强调开放性的构想，建造了一处可以从场地周围任何一个方向都可以通达的"园中园"。选用双面镜面铝板，水平方向微微倾斜的金属顶棚，借助不锈钢柱子的支撑，呈现为自由漂浮和伸展的状态，它在满足遮雨的功能需求的同时，又与园中小径形成了呼应。光亮、坚硬的金属质感不但没有与自然环境产生冲突，反而借助镜面反射，让自身融入到了环境之中，既映照了蓝天、绿树和草地，也映衬了空间中的行为和事件。显然，在该建筑自由、随意的平面布局中，完全看不到统治性中心的存在，而内外空间所具有的流动性潜力则被彻底释放（图2-6）。

图2-6 伦敦蛇纹岩美术馆临时建筑——蜿蜒的长廊凉亭

形
态
：
变
异
与
反
逻
辑

"形态"的异质性建构

在当代先锋建筑的创作中，越来越多看似漫不经心，或者随心所欲的形态被塑造出来，并且逐渐演变成为追新求异的游戏，它们颠覆了人们长期以来所认定的美学范式：均衡统一、合乎逻辑以及和谐有序。所以，在这里，笔者将当代先锋建筑形态的异质性建构概括为变异与反逻辑。所谓的"变异"即寻求差异，它与多元化、消费化的社会语境相契合；所谓的"反逻辑"也并非彻底抛弃逻辑，而是尝试着跳出传统逻辑的局限，以便与当前现实世界的复杂相适应。另外，不管是"变异"还是"反逻辑"，它们也都维持了客观的认识，而非特指某些极端或激进的构想。

在很多当代先锋建筑师和学者看来，能够全面反映当下社会文化中深层的对立、矛盾和冲突的，恰恰就是那些貌似不协调的、不完善的、异常含混的、模糊的或游离的形态表达。它们既是当代先锋派对传统秩序和现代理性的反叛，也是先锋建筑师摆脱和颠覆传统范式，重新定义自身并保持前卫性的重要方式。

变异与反逻辑能够增强形态的标识性，或者引发争议，从而吸引更多的关注，而不至于被淹没在大众化的平庸之中。变异与反逻辑的建筑形态暗含着一种对抗的力量和探索的精神，是对当代先锋建筑师潜意识中创造性构想的挖掘，也是对他们空间想象力的直观反映。其实，每个先锋建筑师对于形态的异质性构建，都付出了艰辛的努力和尝试，他们从地域文化中抽取因子，让这些先锋建筑形态呈现出与时俱进的个性化和差异化同时，也能够与场地环境取得某种意义上的和谐。

在人们的意识形态、价值观念和审美趋向之外，数字化技术革命也是促使先锋建筑形态发生巨变的重要因素。在数字与虚拟技术的支撑下，当代先锋建筑迥异的形态建构被带到一个全新的阶段。可以说，数字化技术不仅拓展和延伸了建筑师们的设计思维，也为他们探索和重塑崭新的建筑形态提供了无限的可能，这是人类历史上任何一个时期都不具备的优势。

相关案例中的相关语义

在当代先锋建筑师中，弗兰克·盖里创作的建筑形态最具争议性，对于朴素的社会大众而言，盖里的设计就像是一种玩世不恭心态的宣泄，他的每一个作品几乎都被狂躁、混乱和不安的情绪所充斥。面对这样的解读，盖里也觉得很无辜，认为人们对其缺乏了解和理解，因为在盖里看来，世界本身就是不完美的，而他创作的出发点就是在放大那些不完美的社会形态，让它们像写真一般，反照着现实世界中技术的过度干涉所带来的那些难以调和的矛盾，映衬和夸大着大众文化中自我消遣和娱乐的特性。客观地讲，盖里对于当代先锋建筑在形态方面的探索精神还是值得称赞的，特别是他在创作中生成独特形态所依赖的技术革新。概括而言，对于变异与反逻辑的形态建构，盖里的具体操作集中表现为"震裂式"和"未完成式"。所谓的震裂式，实指一种破碎性的形态建构方式，就像携有超强冲击力的地震对传统空间秩序的割裂，这样的概括主要是基于人们对比传统秩序与新式逻辑的错位理解；"未完成式"则是盖里孕育形态建构多种潜在语义的一种重要手段，从他的自宅开始，这种新式的美学趋向就被注入到了他的创作之中，其中，扰乱了的秩序和多元化的构成成为了盖里形态建构的重要特征。

作为盖里变异与反逻辑形态建构的巅峰之作，毕尔巴鄂古根海姆博物馆不仅颠覆了几乎所有的经典美学原则，也再次向世人证明了，不完整、不和谐、反叛和激进的建构同样能够产生令人愉悦和兴奋的体验。该建筑位于毕尔巴鄂旧城区边缘、内维隆河南岸。面对滨水景观，盖里以横向波动的三层展厅来呼应河水的水平流动，通过多向弯曲的表皮处理来制造变动的光影效果，让整个环境产生律动。而在南侧主入口处，盖里则借助"震裂式"的建筑体量来对接一街之隔的旧式建筑和城市街区，以此打破沉闷的历史氛围。与此同时，该建筑又通过与高架桥的立体交叉，实现了与周边环境的深度融合。显然，这样一个借助石灰岩、钛金属、玻璃和钢等材料所包裹的面与体，一个经过断裂、扭曲、变形和拼贴所建构的形态，一个远远看过去有些令人眼花缭乱却又充满了想象力与梦幻感的建筑，暗含着建筑师非凡的控制力和敏锐的洞察力（图2-7）。

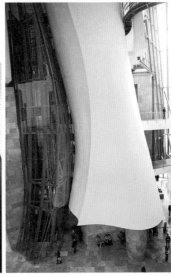

图2-7　毕尔巴鄂古根海姆博物馆外观与内部空间

在当代先锋建筑形态的异质性建构方面，能够与锋芒毕露的盖里相媲美的大师屈指可数，扎哈·哈迪德可以算一个。她所创作的建筑形态不仅强调时代的个性和差异的动态性，还更加关注场地环境中的随机与偶然性的发掘，而夸张的透视角度、倾斜的画面以及叠置的层次等也都成为了她建构复杂情景的重要手段。如果说盖里在创作中更加强调冲突和对峙，那么哈迪德则明显倾向于错觉的制造。

德国维特拉消防站是哈迪德追求"动态构成"与"复杂化情景"的代表作品。该建筑依循哈迪德对于那片工业场地的研究而展开，为了该建筑在建成之后不被大量的旧有厂房所遮掩，哈迪德首先重新界定了形态趋向，让建筑的形态建构限定在线性、狭长的范围之中。根据功能空间的连续界定，富有层次且向多个方向伸展的混凝土墙体，或横向转折，或纵向起翘，或斜切入地，极具动势。而墙体所围合的形态各异的体块也在彼此映衬，相互穿插和错动，由此产生的不稳定性贯穿了整个环境，在随机与偶然性蔓延的背后，也表达了哈迪德对于现实世界复杂性的深度思考（图2-8）。

图2-8 维特拉消防站外观与内部空间

功能：多义与不确定性

"功能"的异质性建构

现代理性指导下的功能空间设计，通常都是将合理性作为前提，追求简洁而又紧凑的布局关系，几乎摈弃了预设之外的所有可能，如果用中国的传统谚语"一个萝卜一个坑"来形容空间与功能的这种对应关系也算贴切。在多元化的语境下，随着大众文化的普及以及社会民主性的提高，人们对于自由的设定愈加宽泛，渐渐逼近了一种高度的自由精神，具体地表现为一种超越现实欲求的束缚，追求一种无限可能的新生状态。高宣扬在其《后现代论》一书中就曾写到：

"后现代之所以充满歧义和复杂性，最根本的原因来自于后现代主义者在其创作和批判过程中所表现出来的高度自由精神。这种高度自由表现为高度的不确定性、可能性、模糊性、超越性和无限性的综合。"⊖

显然，这种对于"高度自由表现"的理解也是与后现代建筑思想相关联的，并促使后现代建筑思想逐渐成为一种兼容性的泛秩序观。

作为后现代建筑的旗帜性人物，罗伯特·文丘里在其《建筑的复杂性与矛盾性》一书中，旗帜鲜明地提出了"多义"与"不定性"，并指出在复杂和矛盾的建筑中，不定与对立无处不在。文丘里的这种兼容性的泛秩序观为后来越来越复杂与含混的功能要求提供了指导，并使其升级为当代先锋建筑功能异质性建构的指向性特征，以及界定自身的弹性定义。

随着信息化对社会结构影响的加剧，人们对于"多义"与"不确定性"概念的理解更加深刻。作为当代最具影响力的先锋建筑师之一，雷姆·库哈斯基于对社会和文化关联性的认识，敏锐地意识到了外部形态与内部功能之间潜在的"不确定性"关系。库哈斯将这种"不确定性"总结为"大都会文化"，使其成为后现代文化语境下诞生的一种典型代表。他在《疯狂的纽约》一书中指出，即便是最轻浮的建筑所携有的永久特性也都难与"大都会文化"的不稳定性相匹配。在现实世界中，建筑被降格为一件玩物，而在曼哈

⊖ 高宣扬.后现代论.北京：中国人民大学出版社.2005：12.

顿，这种悖论得到了扭转，变为一种将"纪念性的光辉与不确定性的表演"深度融合的异化景象。库哈斯的这番言论充分体现了一种兼容性的泛秩序观，并以发散的思考和包容的态度，为复杂性的行为和多样性事件的发生提供了冗余空间。

相比于"大都会文化"在社会学层面上所形成的全面而又深入的认识，库哈斯所强调的"不确定性"概念在建筑中的具体表达却并不充分，他所发展的"不确定性"设计方法，主要是基于多元化与多样性的视角对过程的发现，而非目标或结论的预设。与库哈斯不同，东西方越来越多的先锋建筑师开始对"不确定性"概念进行深入挖掘，譬如伊东丰雄、妹岛和世、赫尔佐格与德穆隆等。他们将"多义"与"不确定性"概念作为追求自由精神却又规避极端与分裂的"有效处方"，从形态延伸到功能。

相关案例中的相关语义

对于社会问题的普遍关注是当代先锋建筑师的一个共同特点，伊东丰雄也不例外，他在执业的过程中总是留心观察和深入思考城市空间与居者状态。他清晰地意识到这个时代正在发生的根本变化，也感受到社会文化与资本经济所释放出来的颠覆力量，建筑和城市都拥有了消费品一般的宿命。所以，他放弃了对建筑稳定性和永恒感的追求，将其视为一种不确定的、瞬间即逝的表达，从形态到功能空间都被赋予了临时性和流动性等特征。当然，流动表皮所营造的那些精神性空间，更是伊东丰雄应对"不确定性"的生动表达。

　　由伊东丰雄设计的仙台媒体中心，其构造方式极其特别，在形式、结构和功能空间等很多方面都有超越性的发挥。整个建筑主要由6块楼板、13根形状如摇晃海草般的支撑结构，以及通透的玻璃幕墙建构而成。其中，13根支撑管束 "松散" 地分布在不同的位置，自上而下穿透了整个建筑，它不仅取代了传统的框架结构体系，还汇集了垂直交通系统、管线系统和信息交互系统等内容。而在各个楼层中，伊东丰雄很少设置分隔，从而使得无柱与少量分隔的流动性空间，能够为人们的日常行为和信息交互提供无限的适应性。概括而言，在该建筑的设计中，预设的三个看似简单的构成要素，既完成了对传统建筑的批判性思考，也将"多义"与"不确定性"纳入其中，与此同时，与日常行为相关的功能也不再被割裂或孤立，使得它与模糊界面的渗透也成为可能（图2-9）。

图2-9　仙台媒体中心外观、内部空间及草图

妹岛和世与西泽立卫对于"多义"与"不确定性"的理解虽然深受库哈斯和伊东丰雄的影响,但是,基于宏观层面深入到微观层面的跨越,以及自身对人性的深刻领悟,使得他们完成了对二位前辈的超越。在妹岛和世与西泽立卫看来,空间的划分不是目标,不存在主次,也不能反映功能的差异,所以,他们转向强调空间中的事件和行为,并抓住人性中的某些特定欲望进行放大,让整个空间组织都能呈现出一种功能上的同构性。另外,妹岛和世与西泽立卫也接受了能够带给人们独特感受的禅宗文化,将其植入到功能空间,营造出了轻盈、通透和脱俗的东方意境。显而易见,这些针对功能空间的操作都是对"多义"与"不确定性"概念的强化,使建筑成为契合时代精神的先锋之作。

坐落于瑞士洛桑理工学院校园内,由妹岛和世与西泽立卫设计的具有高度实验特性的劳力士学习中心,通过建筑内外的交互空间组织向人们展示和提供了一种新式的,类似于"自由探索"的学习和体验方式。在场地内微微起伏的,呈拓扑状的建筑形态,显得轻盈而又富有流动性,让人丝毫也感受不到混凝土的厚重感。该建筑与场地环境一起建构了一个个独特的开放空间,外部空间、内外空间以及内部空间之间都相互连通且对外开放,交通空间也不做预设,任意开放空间都可以承担走廊、学习和休闲等场所的功能(图2-10)。可以说,该建筑功能空间的"多义"与"不确定性"从根本上解除了建筑对使用者的约束,使其成为了一个可以接纳自发性行为的"基础设施"。诚如建筑师所言:

"我们想象,这种开放空间可能会有助于人们交流,产生新的活力。与走廊和教室明显分开的传统学习空间相比,我们希望在新

空间里会有许多不同的利用方法，也会建立更多主动的联系，这些联系反过来又会产生新的活力。"⊖

图2-10　瑞士洛桑的劳力士学习中心外观与内部空间

⊖SANAA，domusweb.it，February 2000.

空间：多场景构图与戏剧性

"空间"的异质性建构

在后现代多元化的语境下，人们渐渐习惯了让眼睛和心灵在非均质的、多场景构图的空间中自由穿梭，让身体参与空间戏剧化的构成，而不再坚守或默认传统空间所推崇的稳定性和一致性，这是因为多场景构图以其灵活性和适应性，迎合了这个多变的时代，并且通过情感因子的渗透，兼顾人性。所谓"多场景构图"，既可以指代流动的、异质的和多义的空间建构，也可以指代那些借助影像媒介所营造或模拟的空间关系和氛围。"多场景构图"是一种超越二元论的空间认知，一种呈现戏剧性的空间策略，对于城市的设定、环境的分析、建筑的构想以及空间的组织都产生着积极的意义。其中，"场景"这一概念超越了空间的物质特性，与人们的内在意识建立起了交叉和互动。

多场景构图之于建筑和城市空间，犹如影像之于电影。电影中影像的投射性是其他媒介所无法媲美的，它携有冲破一切阻隔与障碍的能量，它可以轻而易举地实现未来与历史的对接，技术与人性的融合，物质与精神的对抗，以及现实主义与超现实主义的平衡。显然，电影中影像的投射性对于当代先锋建筑空间的异质性建构具有重要的借鉴意义。伯纳德·屈米和让·努维尔等当代极具先锋精神的建筑师都曾多次将目光投向电影，从中寻求学习和挖掘空间建构的手段和方式。屈米曾说过，在其他建筑师还在历史建筑中找寻灵感的时候，他已经转向了电影理论，并将对它们的理解融入到了空间、运动和事件里面。

随着当代先锋建筑空间在建构中对自身稳定性的主动打破，以及与时间、运动和事件相结合而生成多场景构图，它便成为了如同电影影像一般具有主体与内向透射的事物，与人们的意识建立起了深度关联。在这样的空间中，

"人们既可以感觉到可见部分的空间性，也能够体会到不可见部分的空间性，还能够在可见与不可见之间，察觉到信息与能量的交互作用。"⊖

⊖ 徐守珩.建筑中的空间运动.北京：机械工业出版社.2015：156.

空间的戏剧性是多场景构图与情感透射的具体表现，就像笔者在《道·设计：建筑中的线索与秩序》一书中所描述的那样，

"空间的戏剧性揭示的是非逻辑的空间架构，隐藏着深层次的空间真实性。戏剧性中存在着一种张力，一种对常态的反拨，它是最真切的情感起搏器。"○

空间的戏剧性通常是由场所、路径和意义所串联，但有时候也体现在一些细节的处理上。随着空间戏剧性的回归，传统空间中的单调逐渐让位于富有创造性的构想，饱含着矛盾、冲突和异质，让人们在自由穿梭的过程中也能够产生连续、跌宕和丰富的心理感受。如果说多场景构图在明处彰显，那么，戏剧性则在暗处涌动，多场景构图与戏剧性是当代先锋建筑空间异质性建构的突出表现。

相关案例中的相关语义

在当代先锋建筑师队伍中，彼得·卒姆托是一个值得尊敬的异类，他不以极端或激进的态度从事建筑创作，而是延续传统的方式来诠释先锋精神，具体表现在流动的、异质的和多义的空间建构方面。卒姆托强调意识对空间的感知，强调材质、声音、气味和光影等内容对空间氛围的营造，关注行为与事件的关联、感知与氛围

○ 徐守珩.道·设计：建筑中的线索与秩序.北京：机械工业出版社.2013：167.

的交织。在他看来，建筑创作等同于塑造真实，塑造那些点燃人们内在情绪的东西。卒姆托以可感知的观念创造空间，除自身的领悟外，也与童年的经历和记忆密切相关。所以说，卒姆托的建筑并不缺乏画面感，而是将"多场景构图"上升为一种境界（图2-11）。

图2-11　瓦尔斯温泉浴场构思草图

　　由卒姆托设计的瓦尔斯温泉浴场，其内部的空间建构恰如"多场景构图"，而戏剧性也在其暗处涌动，将浴客或游客引入到了一个极具体验性的空间序列中。该建筑有两处入口，每一处入口都对应着狭长的甬道，人们历经此处，在昏暗的光线中，感受到了一种宗教仪式般的体验，直到听见顺着墙壁流淌下来的水声。这些水声来自光线静谧的长走廊一侧墙壁上排列着的喷管，对侧则是更衣与储物间，更衣间一端与长廊相连，另一端则朝向内部大厅。在幽暗的室内大厅中，从窄缝和嵌着蓝色玻璃砖的方框中倾斜而下的光线，让人感受到了一种神秘的氛围。作为室内空间氛围的延伸，室外休闲空间被安排在一个半围合的平台上，它既保证人们相对的私密性，又可以让人们悠闲地欣赏山谷对岸的自然景观。显然，瓦尔斯温泉浴场的整个空间组织，都萦绕在一股浓浓的宗教气息和仪式感中，卒姆托借助甬道、台阶、光、水、石材、裂缝和平台等要素，营造出了一处戏剧性的"场景"，并将其投射到了人们的情感和意识中（图2-12）。

图2-12　瓦尔斯温泉浴场外观与内部空间

建筑和城市空间中的多场景构图既是对人们的日常行为和事件在空间中投射的串联，也是对影像化空间运动共时性的全面反映。伯纳德·屈米在1981年完成的《曼哈顿手稿》（Manhattan Transcripts）中，虚构了发生在纽约不同地点的四段情节，它们是屈米对曼哈顿城市中的平行空间的关联，对多场景构图与戏剧性的假想。该手稿不是建筑创作的脚本，但它却深受电影艺术影响，以事件和行为为线索所串联的多场景构图。可以说，随着屈米将这种构想方式嫁接到建筑领域，当代先锋建筑的空间建构也被抬升到了新的高度（图2-13）。

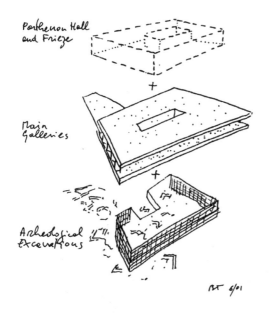

图2-13　雅典新卫城博物馆建构草图

位于雅典卫城的脚下，由屈米和希腊本土设计师米哈利斯共同设计的新卫城博物馆，是一座古典与现代相结合的建筑。如屈米所言，他的设计旨在赋予新的博物馆光感、动感和层次，并借助最先进的现代技术来还原一座朴素而又精湛的古希腊建筑。新建筑围绕着不同部分的功能空间要求进行设计，并划分为上、中、下三个部分。底层悬浮在古老雅典城市的遗址上，由160多根纤细的混凝土柱作为支撑——每根柱子的位置都经过专家同意以免伤害文物。该层主要包括入口大厅、临时展厅、礼堂和服务设施等。人们经由能俯瞰考古挖掘文物的玻璃坡道，可以进入到中层部分的展厅空间，上层空间则主要是方形带内院的帕提农神庙展厅部分。当人们从城市街道进入到博物馆空间，便会在三维循环路径之中，体验和感知到时空的交错。在这里，人们透过崭新的材料和复杂的现代技术，嗅到了时代的气息；经由沉睡的遗迹和散落的文物，触摸到了历史的脉搏；拉近通透的玻璃和山上的神庙，建立了跨越时空的对话（图2-14）。

图2-14　雅典新卫城博物馆外观与内部空间

图2-14　雅典新卫城博物馆外观与内部空间（续）

语言：断片的对峙与非连续

"语言"的异质性建构

在很多先锋建筑师看来，基于现实混沌与充满未知的当下，不管是传统语言还是现代语言都有其局限性。而对于追求分离意识与高度自由精神的当代先锋建筑而言，基于断片信息的解构与重构的异质性语言才是行之有效的手段和方式，突出表现为断片的对峙与非连续。实际上一直以来，化身为材质、符号和装饰线条，潜伏在当代先锋建筑形态和空间中的断片信息都或明或暗地关联着社会、文化、价值、伦理、艺术和技术等内容，而随着它们的艺术特性被广泛借用，当代先锋建筑的创作也就突破了传统的美学范式，颠覆了人们僵滞的意识认知。

　　在当代先锋建筑中，可被加工和提炼的异质性建构语言有很多，譬如断裂、倾斜、倒置、叠加、扭曲和畸变等，它们的出现，使得当代先锋建筑具有了多变的层次和多样的可能。体现着建筑与城市、局部与整体、有序与混沌的同构，同时融入了个体对客观世界的主观感悟，以及对现实世界"复杂性"的思考，并构拟和还原着这些"复杂性"，直陈社会文化构成的多样性。

　　当代先锋建筑师从精英文化和大众文化中汲取营养，总是在积极地通过各种方式的尝试，来制造对峙和非连续，激发蕴藏在不完整或异质中的活力因子，做出对沟通对话有利的设计，让断片所释放的强大力量可以直接与人们的内在意识发生碰撞。异质性语言的建构虽然不具有持续性和稳定性，并以偶然性、临时性、未完成性或者反逻辑性为特征，但它却并非是随机与偶然的游戏，在其非常态的表象下，暗含着潜在的线索与动态秩序。

相关案例中的相关语义

　　本书在本章第三节中曾提到，作为一种非整体性的建构，盖里建筑形态的建构主要表现为"震裂式"和"未完成式"，而具体到与此形态建构相匹配的异质性语言方面，盖里则通常都会借用多角的平面、倾斜的结构、倒转的形体以及物质形态的混杂，同时掺入极具夸张和冲击力的视觉图案，来呈现亦真亦幻的场景效果。

　　迪士尼音乐厅，是继毕尔巴鄂古根海姆博物馆之后，又一争议性巨作。从洛杉矶市中心南方大道看过去,有人说它像盛开的花朵,有人说它像燃烧的火焰,有人说它像奇异的帆板,但无论如何形容它,都难以阻挡它成为洛杉矶的新地标。其光彩熠熠的建筑形态耀眼夺目,与其相比,周边环境里那些传统秩序下的建筑瞬间黯然失色。显然,它充分展现了盖里将复杂多义的实验性构想直观反映到建筑形态上面的方式。当我们从正门方向拾阶而上的时候,便可发现,除了还算规矩的花岗岩台阶和金属灯柱外,整个建筑都陷入了一种自我解放和扭转中,斜线与弧线相互碰撞,圆弧和倾斜相互错动,对峙与非连续散落一地,颇有些"横看成岭侧成峰,远近高低各不同"的意趣。这样的一种气质性语言,无论是在内部空间中的墙面、柱子和天窗,还是穹顶、楼梯和座椅等方面,都得到了完美表现。概括而言,盖里在该建筑"语言"的异质性建构方面,借助断裂的几何图形、自由婉转的曲面,以及不同材质的拼贴,打破了传统的操作。并在解构与重构的过程中,找寻到了一种一直以来都被现代理性制式与总体性观念所掩盖的意外之美。它让人们对于建筑的审美有了更高层次的界定,让人们意识到了形式和材质上的断片的对峙与非连续也能够带来别开生面的想象空间(图2-15)。

图2-15 迪士尼音乐厅外观与内部空间

图2-15　迪士尼音乐厅外观与内部空间（续）

图2-15　迪士尼音乐厅外观与内部空间（续）

图2-15 迪士尼音乐厅外观与内部空间（续）

或许是受到了盖里先锋思想的影响，汤姆·梅恩在建筑创作中也逐渐形成了独特的形态语言，展现出强势的自主意识和反叛精神。虽同为突出多义与异质断片语言的对峙与非连续，强调一种强烈的机械感、不完整性和未完成性的状态，以此来对抗压制精神的现代理性，揭示和表现现实世界的复杂与多样，梅恩的异质性操作却又区别于盖里经由"无意识构思"而获得"震裂式"和"未完成式"方式，趋向于一种更加严谨和稳定的形式上的复杂。在梅恩的建筑中，常见的断片语言主要包括多变的多孔铝板、夸大的结构构件、倾斜的墙板以及悬臂的走道等。普利兹克评审委员会肯定了梅恩的探索和创新精神，认为他的先锋创作中孕育着一种个性鲜明的南加州文化。

位于卡莱根福的郊区地带，由梅恩设计的Hypo银行卡莱根福总部多用途中心，在形体关系的语言建构上，契合了基地的自然纹理，延伸了都市景观，并对包含社会关系的都市环境做出了响应。在建筑形态的语言建构上，梅恩延续了一贯的解构框架，以一种形式上的意趣和自由的机制对覆在外形上的金属薄片加以剪裁，同时穿插和拼贴一些破碎的断片元素，来获得一种异质性，彰显自身作为城市主导机构的地位。其中，那些破碎的断片元素主要是指充满机械感的横梁、栏杆、重物、缆索和滑轮。通过颠覆的美学观念的重构与整合，这些断片元素被呈现为一种非连续的、富有张力的架构，以明显的动态倾向来对抗静态的、无欲望的墙体。譬如建筑内部空间中的连桥穿透了建筑的立面，成为了可以眺望城市街景的阳台。在整个建筑的创作中，这样的交叉处理比较多见，通过与玻璃、金属片、凿孔铝板和清水混凝土等基本材质的配合，创造了多重交织的对峙与非连续，这在消除结构位移可能产生危险的同时，也实现了突出的结构构件与功能构件的分离（图2-16）。

图2-16 Hypo银行卡莱根福总部多用途中心外观与细部

第三章

当代先锋建筑实现异质共生的策略

策略一 → 抬升的"地景"介入建筑
　　　　＋
策略二 → 消解的表皮关联浮动的边界
　　　　＋
策略三 → 叠置的层次对接空间中的运动和事件
　　　　＋
策略四 → 开放空间构拟不可预见的复杂
　　　　＋
策略五 → 媒介空间生成流动的"镜像体验"
　　　　＋
策略六 → 仿生自然扩展有机增殖的适应

　　异质性是后现代社会意识下的产物，而在人类社会从机械秩序向生命秩序过渡的过程中，对于"异质性"这一时代特征的单纯强调开始与当代先锋思想出现错位，而修复这种错位的有效方式就是让其与共生思想结盟。当然，了解和熟悉当代先锋建筑异质性建构及其相关语义，是促成异质与共生结盟的大前提，但要实现当代先锋建筑对多元化语境和人性抚慰的双重作用，还需要找到实现异质共生的根本策略。复杂-非线性思维的发展和完善为此提供了理论指导，它能够让我们从各个层面预见异质共生的全息图景。

策略一：抬升的『地景』介入建筑

复杂-非线性策略一的生成

建筑作为一项人工系统，在很长的时间里，都是人类强势力量的延伸，刻意保持了一种主体的优越性，拒绝与场地或环境建立深度的关联和互动，仅仅借助一些窗洞或机械设施来与外部环境取得物质、信息和能量的交换。然而，当建筑成为一个相对封闭的系统，与外部环境形成对立的同时，往往也就割裂了自身与外部环境中潜在文化的联系。随着复杂性科学与哲学对建筑学影响的加深，以及大众审美对非线性思维的接受，针对建筑界面的传统操作发生了转变，强加于建筑与自然环境之间的二元对立观念也逐渐被打破，建筑开始在全球化的背景下，主动接受来自场地或外部环境的交互作用。建筑与场地或外部环境不再是一种勉强的对话，而是在彼此渗透中转变成为一个可以自由绵延的有机系统或和谐共生的新生秩序。

当代文化呈现出一种交互影响的状态，所有的文化现象都可以与建筑实现彼此渗透，而成为对方的一个部分，建筑与场地或外部环境也不例外。在复杂-非线性思维的干预下，当代一些先锋建筑逐渐消解了传统的界面对自身形态建构的限定，在与场地或外部环境实现自然交融的同时，也让地面转化成为了"地景"。这些建筑作为一种人工与自然相结合的产物，表现出与场地或外部环境同质化的倾向，并强调自身与地域文化的连续。可以说，抬升的"地景"作为复杂-非线性思维下的一种策略，全面地介入了开放的建筑系统。

在学术界，针对"地景"的定义有很多。东南大学的陈洁萍在其刊发于《新建筑》中的一篇题为"地形学议题——第九届威尼斯建筑双年展评述"的文章中，归纳和分析了该双年展中针对"地形学议题"的参展作品及相关策略，概括为拟态的地形建筑、簇状物结构的地形建筑、取消图底关系的地形建筑、路径渗透的地形建筑以及艾森曼的编码地形等五大类。其实，不管如何定义，模糊界面（表皮和屋顶）的具体操作，主要还是通过人工与自然地形的水平延展与建筑外部形态的消隐来完成，使其真正成为场地或外部环境的有机部分。FOA将其视为基于具体条件的分析和认知，进行演化而生成的一种逻辑的必然，而不是某些灵感的偶然。

策略一对相关案例的介入

　　在当代先锋建筑的实践中，对于抬升的"地景"介入建筑的具体操作各不相同，而FOA则主要是基于系统发育理论和"物种"分类法，其中，分类法中的"不连续性"（形状处理）属性极其生动形象。所谓"不连续性"属性主要指向界面的变异状态，包括：平面（planar）——波纹（rippled）——褶皱（pinched）——穿孔（perforated）——分叉（bifurcated），与这些名词对应的简要解释即为：无任何异变为平面，微小形变为波纹，强烈形变为褶皱，局部打断为穿孔，而局部打断并在不同楼层和空间得到连续则为分叉。对于FOA来说，与明确的功能划分相对应的是穿孔的组织，而不同空间之间模糊的界定则源自于分叉的操作（图3-1）。

　　横滨国际客运码头是当代先锋建筑师团体FOA的功力之作，它践行了生物学中的系统发育理论和"物种"分类法，并在几何拓扑

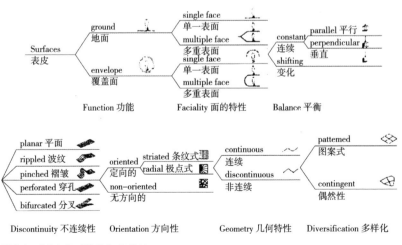

图3-1　FOA的"物种"分类法

学和计算机生成系统的辅助下，完整地诠释了建筑界面的"不连续性"。项目伊始，FOA就设定了两个基本想法来展开研究性设计，其一是构想一种从流线图生成系统的可能，FOA制定的这一流线图主要是循着一种环状交织的结构分布，呈现出一种枝状序列的连续性，它消解了相互联结空间之间的界限；其二是通过将功能空间置于"地景"之下，来规避"门"的抽象语义，这与悉尼歌剧院、CCTV大厦等诸多追求地标效应的建筑初衷背道而驰（图3-2）。就其具体操作而言，FOA主要通过解构场地和环境的介入、流线图的介入、结构的介入、材料的介入，以及拓扑学原理的介入来实现。为了达到在流线图之外创造和组织空间的目的，FOA打破了惯常的框架结构形式，结合各种材料的性能，而发展出了一套完整且富有逻辑的、来自表皮自身的支撑体系。这一系统在实现建筑与场地或外部环境融合的同时，也瓦解地面、墙面和屋顶的传统关系。另外，在该建筑中，斜坡系统结合几何拓扑学的应用，消解了"层"的概念，并突显了空间组织的流动性和连贯性。概括而言，在整个项目的设计中，FOA排除了预设状态，让各种构成要素和谐有序地

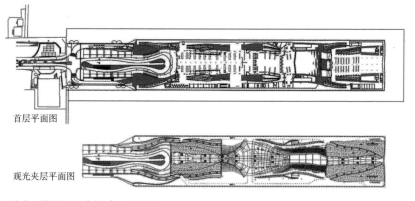

首层平面图

观光夹层平面图

图3-2　横滨国际客运中心平面图

介入，实现了设计对场地和环境的积极应答，当人们的视线在略过抬升的"地景"之际，也被引向了大海和天空（图3-3）。

图3-3 横滨国际客运中心外观与内部空间

　　近些年来，在抽象的语言操作和图解设计方法之外，艾森曼又开始研究建筑与城市环境中的自发组织能力。在他看来，形式系统对场地或外部复杂环境的几何简化是失真的操作，它遗失了对场地或外部环境中遗传信息的挖掘、拾取和延续。所以，他期望用一种更为复杂的解释方法来回馈环境和生成建筑，在建筑形态与外部环境之间形成一种新式的、可被知觉与体验的关系，以此拓宽建成环境的意义和具体指向。

　　由彼得·艾森曼设计的加利西亚文化城项目，是抬升的"地景"介入建筑的典型案例。艾森曼的设计初衷主要是基于三组场地信息的叠加：其一是具有明确图底关系的圣地亚哥古城及其自然起伏的街道景观；其二是自中世纪以来所形成的多条朝圣线路及其附属文化（图3-4）；其三是场地中拓扑地形与扭曲的几何系（图3-5）。借助人工考古的手段，艾森曼从以上信息中掘取出了创作灵

图3-4　前往圣地亚哥的多条朝圣线路图

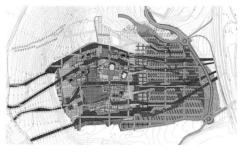

图3-5　场地中的拓扑地形与扭曲的几何系

感，在构想之初便震惊世人。整个建筑因拓扑的地形而变，形成了犹如坡地一般的自由起伏，并在水平方向尽情地绵延，完成了与自然景观的相互穿插和融合。与此同时，艾森曼又借助独特的空间网格体系，实现了斜向叠加、横向拉伸、纵向错位，以及动态形变，以此来追求一种潜藏于自然景观中的浮动变化，寄予一种"不确定的情感"和"抽象的关系"。可以说，所有这些应对性策略或介入性操作，都是循着事物发展的轨迹所生成的空间变化，是事物发展潜在可能性的延伸（图3-6）。

图3-6　加利西亚文化城外观与内部空间

策略二：消解的表皮关联浮动的边界

复杂-非线性策略二的生成

　　基于全球化与信息化语境、人们认知观念的深刻变化，以及复杂性科学与哲学对建筑学的全面渗透，越来越多的当代先锋建筑师开始尝试各种不同的构想和方法来扩展建筑和城市的空间界限，他们脱离了传统的语义学和句法学，重新定义了建筑界限的意义。这些崭新的观念借助消解的表皮将建筑的存在感置于一种可能的"临界状态"，并引发了人们复杂的审美心理与意识形态的递变，而与此同时，灵活多变的修辞手法也被引入"临界状态"的陈述之中，

让建筑显得生动饱满，且又极富个性。正如《建筑中的空间运动》
一书所陈述的那样，

　　"强调临界状态，并非在模糊概念或者制造悬疑，而是以一种
历时性和共时性并存的非线性科学思维来审视问题。"⊖

　　在当代先锋建筑中，消解的表皮是时代与技术相结合的产物，
它不同于通常的幕墙，而是包含着后者所不具有的、可被多重解读
的信息载体。"临界状态"就发生在这些消解的表皮或与表皮关联
的内外空间的处理上，抽象为一种浮动的边界和模糊的存在，孕育
着一种氤氲的氛围和动人的诗意，营造出一种迷人的错位和微妙的
平衡。

　　具体而言，轻质的材料、通透的幕墙、灵活的窗洞、飘逸的
屋顶和变化的光影等都成为了生成浮动边界的具体操作，它们是被
延伸了的建筑语汇，塑造着建筑的个性化。其中，轻质材料最为常
见，如玻璃、钢制构件、穿孔铝板、金属网和格栅等，它们在让建
筑远离固有物质化属性的同时，呈现为一种短暂、轻盈和飘逸的形
态；通透的幕墙则模糊了空间之间的界限，实现了建筑与场地或外
部环境的交互、融合与共生；而灵活的窗洞也是当代先锋建筑中极
具表现力的建筑语言，精心推敲的窗洞设计，既可以与建筑的功能
相呼应，又可以在叠置的表象中创造个性化的表情，并在浮动的边
界里生成虚实对比的韵律感；飘逸的屋顶是建筑抛向天空的边界，

⊖ 徐守珩.建筑中的空间运动.北京：机械工业出版社.2015：180.

它在容纳特殊性或共享性功能空间的同时，也在塑造着建筑的整体形象；而造化的光影所具有的或明或暗、或刚或柔、或虚或实的艺术表现力，成全了材料的质感、内外的模糊、明暗的对比以及整体的飘逸，同时作为介质并关联着人们内在情绪的浮动。以上这些具体的操作，在让·努维尔、赫尔佐格与德穆隆、伊东丰雄、妹岛和世与西泽立卫以及隈研吾等先锋建筑师的创作中屡见不鲜，并得到了极致发挥。

策略二对相关案例的介入

让·努维尔是欧洲较早提出"去物质性"并加以实践的建筑师。对于透明、模糊和光影的处理在他的建筑中随处可见，他借助这些在传统基础上延伸了的建筑语汇和现代修辞，塑造出了既能够与场地或外部环境相融合，又具有丰富的层次感和独特视觉效应的建筑形象。诚如努维尔所言，他所有的设计构想都处在真实、虚幻与象征之间的界限上。

由努维尔设计的阿格巴大厦，是建筑艺术之都巴塞罗那为数不多的超高层建筑，其创作灵感主要源于附近的蒙特塞拉特山的自然风景和高迪的圣家族教堂（图3-7）。它区别于纽约、迪拜、上海抑或是其他地方的，那些单纯讲究形态与高度的超高层建筑形象，它的出现改变了人们对于超高层建筑的传统理解和认识，而这主要是基于它极具先锋性特征和创新意识的内外双层表皮设计。其中，内层表皮采取了分段处理，地上一层至二十五层部分为混凝土墙，外饰25种彩色波形铝板，颜色由底部的红色向顶部的蓝色渐变，二十六层至三十一层则是透明的穹顶，由双层玻璃和钢构架构成；外层表皮则是由近60000片透明及半透明的玻璃百叶层层叠置和围合而成，它在增强内部空间通透性的同时，也起到了保温隔热的作用。自然光线透过层层叠叠的玻璃百叶和大小不一、形状各异的窗洞，在内部空间中生成了一种难以抗拒的自由浮动之感，这与柯布西耶在朗香教堂中，让光线穿透厚厚的墙壁上的彩窗所制造出的神秘氛围存在相通之处，却又更具个性和时代气息。不管是在白天自然光线里，还是在夜间人工照明下，经由双层表皮生成的浮动边界所呈现出的色彩斑斓的质感，都如充满韵律和诱惑的水波荡漾一般，富含艺术性。虽然双层表皮的轻盈替代了石头的厚重，却丝毫也没有消减先锋建筑与古老的加泰罗尼亚文化之间的深度共鸣（图3-8）。

图3-7　高迪的圣家族教堂

118

图3-8 巴塞罗那阿格巴大厦外观、细部及内部空间

　　隈研吾的"让建筑消失"的构想与努维尔的"去物质性"思想较为接近，其具体操作也都集中在浮动的边界上，只是隈研吾的理解更加突出东方的禅宗意境。在他的建筑中，表皮都表现出强烈的粒子化倾向，自由、轻盈、富有弹性且又有纵深感。对隈研吾来说，边界上的这些粒子建构才是他诠释的重心，而非形态或造型，因为只有成功的粒子建构才能真正实现人与自然、建筑与环境的融合，才能让建筑"消失"。

　　东京大学由隈研吾主持设计的大和普适计算研究大楼，最大的特点就在于分层布置的粒子化外观。隈研吾借助覆盖在幕墙之外的具有强烈韵律感的木板，结合错落有致的形式递变，以及贯通的底层架空，平衡了场地周边那些厚重的传统建筑，也消解了原本紧张的场地环境所释放的压力。自然光线透过交错的木板纹理和玻璃幕墙，也在内部空间形成了十分特别的光影效果，使其显得轻松而又惬意。与此同时，底层架空的通道在连通建筑前面的道路与校长会客室后边的日式花园的同时，也辟出了一处对外开放的交流空间。其实，有很多现代建筑也强调透明性，只是它们始终都没有找到消解造型与环境之间隔阂的适宜途径，或者说，它们表达的方式过于直接，抹杀了生成透明性的同时所产生的更多可能性，而这一点恰恰也是以密斯为代表的现代建筑大师与隈研吾等当代先锋建筑师的根本不同。可以说，隈研吾通过轻质的现代材料、多变的设计手法、优雅的空间形态以及精致的细部处理，实现了当代先锋建筑与这个传统教育环境的有机融合，却又不失自在的魅力（图3-9）。

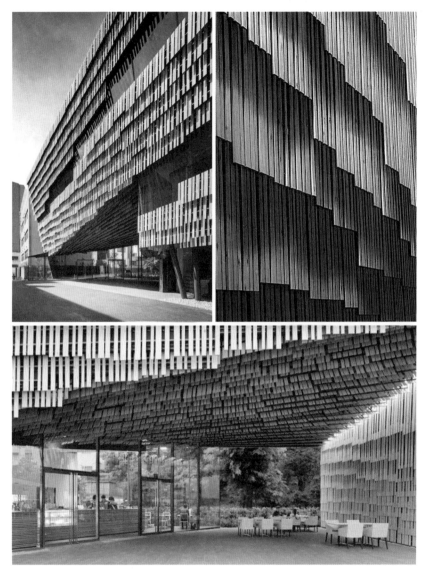

图3-9　大和普适计算研究大楼外观与细部

策略三：叠置的层次对接空间中的运动和事件

复杂-非线性策略三的生成

众所周知，解构主义对当代先锋建筑影响深远，很多当代先锋建筑师思想的发端和创作源点都是始于解构主义的批判性和创新性。基于对传统认知观念的颠覆，对现代先验形式的反叛，以及对呆滞的几何与机械秩序的否定，解构主义转向追求冲突、断裂、碎片、复杂和不稳定的动态空间，并突显和表征着异质性特征。叠置（superimposition）是解构主义对接异质性的一种具体操作，它不同于后现代建筑中符号拼贴或矛盾并置的手法，而是让一些相对独立的、纯粹的系统，以貌似随机的方式进行叠合，并任由这些系统中的异质元素在叠合的过程中相互触碰，干扰和错动，从而形成了杂交的畸变和延异，暗合着不确定的预设和异质性的建构。虽然，叠置的操作时常都会迫使建筑外观与空间形态陷入一种不甚明确的无序状态，然而实际上，这种"无序状态"往往都是表象，并非建筑师完全的"无意识创作"，如果我们能够发觉其中潜在的暗示或线索，或许就捕捉到了其内在清晰的逻辑。

对于当代先锋建筑而言，建构异质性并不是最终追求，却是设计整合过程中的一个必然环节，而叠置的策略也不再局限于解构主义，它也为当代先锋建筑适应复杂性的要求指明了方向，迎合了多元与差异的都市脉络，构拟了复杂与矛盾的空间、运动和事件。所以，叠置的操作被引入当代先锋建筑的创作之中，也就成为了平常之事，特别是分层叠置的操作颠覆了传统集中式或组团式的功能划分，规避了单一的空间体验，最大程度上融合了空间中的运动和事件，为建筑和城市植入了更多可阅读、可思辨的可能。这在彼得·艾森曼、伯纳德·屈米、雷姆·库哈斯以及MVRDV等先锋建筑师的思想和作品中清晰可见。艾森曼自威尼斯卡纳瓦乔住宅区设计之后，也在实践着一系列的叠置操作，他倾向于抽象的网格与城市肌理的叠加，打破了从二维平面出发所形成的从属于笛卡尔网格体系的三维空间逻辑，进而追求一种四维连续的空间形态，发展出了多层次叠加的特殊美感，并让不稳定性的形态和尺度的消解等概念，在与地形地貌相结合的过程中被强调。

实际上，建筑在竖向的发展是一个不可逆转的趋势，技术与自然的结合让叠置的操作在当代先锋建筑设计中愈加游刃有余，它在创造出更多新颖的外观形态的同时，也在对接空间中的运动和事件。譬如屈米设计的巴黎拉·维莱特公园、MVRDV设计的汉诺威世界博览会的荷兰馆等。

策略三对相关案例的介入

自20世纪70年代起，屈米就开始将关注的重心转移到了空间的运动和事件上面，认为没有事件的发生就不会有建筑的存在，他通过与电影艺术和文学理论的结合性研究，来揭示场所的活力和生命的秩序。在屈米看来，建筑形式与发生在空间中的事件不存在必然的联系，所以，在他创作中没有重复已有的美学范式，转而强调空间层次的模糊和不确定，而其具体的操作就是形变、叠置和交叉程序。

巴黎拉·维莱特公园是屈米最具代表性的作品，也是叠置概念运用到实践中的经典案例。基于满足人们身体与精神的双重需要，并使其成为与运动、娱乐、生态、科学、文化和艺术等诸多内容相结合的开放性场所，屈米采取了一种与欧洲传统园林截然不同的设计手法，生成了一种独立性很强、结构化明显的布局方式。特别是点、线、面三个相对独立的体系叠置在整个场地之上，促成了严谨而又紧凑的空间构图，并让建筑物和构筑物取代绿化景观而成为空间骨架。其中，点系统是指位于园内的120m×120m的网格交叉点上，被屈米称之为folly的10.8m×10.8m的26个红色构筑物，它们作为安置信息中心、餐饮服务、医务室和驻足远望等不同功能空间的标识点，引导着整个园区的节奏；线系统是指园区内的交通系统，它主要是由长廊、林荫大道、跨越乌尔克运河的环形道路和"电影

124

式散步道"组成，作为约束性轴线的南北与东西两条长廊，即对接了公园入口和大型建筑物，又强调了运河景观；面系统则主要是指由游乐场、露天音乐广场、10个象征电影片段的主题花园和几块形状各异而又耐践踏的草坪构成，它的存在延续了场地的历史和人文气息。可以说，点、线、面三个独立系统的叠置操作让整个园区显现出前所未有的伸缩性与可塑性，在这里，空间成为了"诱发事件"（图3-10）。

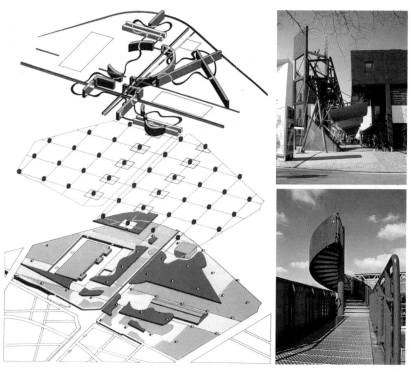

图3-10 巴黎拉·维莱特公园中的点、线、面系统与节点

　　巴黎拉·维莱特公园最终选择了屈米的设计，但是作为该项目的入围方案，库哈斯的设计也同样采取了叠置的操作，只是他的方案提供了四个层次的叠置：层次一是在水平划分的几十条带状用地上布置的不同功能主题；层次二是六组类似于屈米方案中点系统的、作为服务设施的非物质的点阵；层次三是园内由通道及环路所串联的小型公共建筑、小广场以及其他设施；最后则是大型建筑和活动场所。显然，叠置的操作作为独立的策略，显示出了超越理性的效果，而这在库哈斯设计西雅图中央图书馆的构想中再次得到验证（图3-11）。

图3-11　库哈斯的巴黎拉·维莱特公园方案与西雅图图书馆中的叠置操作

　　面对日益复杂与多变的信息化语境，以及资源匮乏和人口剧增等现实问题，MVRDV通过深入地观察和详尽的数据分析，找到一些行之有效的解决方案和策略，其中，功能混合与层次叠置等操作较为常见。层次叠置的操作主要是指将水平状态的功能空间竖向布置，以此实现建筑密度的最大化，而这一操作也几乎贯穿了MVRDV所有的设计，其中，2000年汉诺威世界博览会的荷兰馆最具代表性。

荷兰馆以其奇特的造型成为汉诺威世界博览会中最引人注目的场馆，人们将其形象地比喻为一个巨大的"景观三明治"，而这也恰恰反映了该建筑最大的特点就是竖向层次的叠置操作。这一建筑是MVRDV对于高密度土地利用方案的积极尝试，也是对他们的庭院都市理论的实践，更是他们对未来的都市生活提出的大胆设想。该建筑总共六层，层层叠置的每个自然层都经过了MVRDV的精心安排，成为了由混凝土沙丘、森林和郁金香等具有荷兰风情的要素所构成的、充满奇特幻想的立体田园。其中，六层是屋顶花园部分，主要包括了水、岛和风力涡轮机等风景；五层是多媒体剧场，向人们展示荷兰人口的高密度状况；四层是一片充满湿气的人工森林，设置了空气过滤、水雾和水幕等设施，安排了展览和会议等内容；三层是上层森林抽象的"根"，安排了电影、讲堂等功能空间，以及光电和冷却水处理等措施；二层则是由红黄两色的郁金香所呈现的农业景观；最后，首层主要布置了蓄水沼泽和像丘陵一样起伏的沙丘景观，以及一些休闲空间和卫生空间。在这里，MVRDV试图借助竖向高密度的策略来应对不稳定的都市边界对人类生存环境所造成的影响，通过层次叠置的操作将空间中的运动和事件纳入到生态景观之中，生成一种人与自然共生的模式（图3-12）。

图3-12　汉诺威世界博览会荷兰馆外观与内部空间

策略四：开放空间构拟不可预见的复杂

复杂-非线性策略四的生成

在热力学中，将与外界同时发生物质与能量交换的系统称为开放系统，在全面信息化的当下，开放系统开始全面取代封闭系统而成为人们热衷的对象。就像《从混沌到有序》一书中所写到的那样：

"当宇宙的某些部分可以像机器那样运转时，这些部分就是封闭的系统，而封闭系统至多只能组成物质宇宙的一个很小的部分。

事实上，我们所感兴趣的绝大多数现象是开放的系统，它们和它们周围的环境交换着能量和物质（人们还会加上信息）。"○

在当下这个倡导扁平化与分散化的社会结构中，原本单一、稳定的系统都在向多义的、不确定的和复杂的方向转变。出于对不可预见的复杂的积极应对，当代一些先锋建筑师便将"开放系统"概念引入到了建筑领域，譬如蓝天组、扎哈·哈迪德和汤姆·梅恩等。

空间作为建筑系统的核心构成，它的开放性、自由性、趣味性和包容性往往能够较为直观地反映出它所处的社会阶段。在当代先锋建筑中，对开放空间的强调既是建筑应对当前世界现实复杂性的有效途径，也是复杂性科学与哲学对建筑学的渗透和非线性思维下的必然产物。它结合抬升的"地景"、消解的表皮和叠置的层次，向建筑的纵深方向继续延伸，而直指空间行为的复杂性与空间事件的多变性。

在当代先锋建筑中，有关开放空间的具体操作，主要集中在分隔界面的开放、功能空间的开放和交通组织的开放等三个层面，它们相互依存，相互促成。其中，分隔界面的开放主要是指通过消除、消解和消隐的方式，减少、减弱和模糊分隔界面的存在，让真实与虚拟在此交叠，多场景构图与戏剧性在此萌生；功能空间的开放主要是指借助异质性的手段，消解空间中那些严格的等级秩序和组织关系，并以松散和自由的方式进行重置，进而形成多种潜在与

○ 普里戈金，斯唐热.从混沌到有序：人与自然的新对话.曾庆宏，沈小峰，译.上海：上海译文出版社.2005：6.

不可预见的关联，以增强自在的适应性；而交通组织的开放则主要是指基于体验的初衷，打破纯粹的交通组织观念，颠覆传统建筑中交通空间的边缘性处境，与分隔界面和功能空间一同构成复合性的动态开放系统，以此来应对发生在空间中的运动和事件，构拟这些运动和事件中不可预见的复杂。如果说，分隔界面的开放生成了错觉与层次，功能空间的开放孕育了含混与多义，那么，交通组织的开放则带来了随机与灵活。

策略四对相关案例的介入

在蓝天组的先锋思想中，我们既可以看到对现代理性的对抗，对后现代批判性的继承，也可以看到对异质性的建构和对开放空间的强调。在他们的创作中，建筑俨然成为了一个复杂性适应系统，承载着他们对于现实世界、场地环境、空间行为和空间事件的理解，并处于一种多元、多义、异质与不确定的复杂状态之中。沃尔夫·德·普瑞克斯曾在一次公开演讲中强调说，"开放建筑"就是对使用者开放的空间，并为其提供众多可能性，建筑的功能必然不具有唯一性。

位于慕尼黑宝马汽车基地道路的交叉口处，与总部大楼遥相呼应的德国宝马汽车公司客户接待中心，是蓝天组设计的一个集品牌展示、交易与体验的综合性建筑。在该建筑中，犹如螺旋桨的双圆锥体、自由浮动的钢架屋顶、通透的玻璃幕墙，以及横跨道路对接总部基地的坡道等，共同勾勒出了一处极具时代气息的外观形态，而这也契合了宝马汽车公司所倡导的"富有想象力，做时代的先锋"的企业精神。该建筑的开放性由外到内、自下而上得到了延续，巨大而又通透的展示与体验区域占据了整个建筑的核心部分，在这里一切都是开放的，几乎不存在严格意义上的界面分隔和楼层划分，展示与体验也就不过一个台阶的差距，而人们的视线也基本上不受约束，可以任意地与开敞的楼梯、悬挂的灯具、婉转的坡道以及浮动的屋顶相交接。在这个开放空间中，功能空间与交通空间在高度的变化中相得益彰，并由环状旋转的坡道相互串联，演变成为了一个极具投射性和令人印象深刻的标志性空间，迷人的流动性和自在的浮游感随处可见，承载着空间中的不可预见的运动和事件（图3-13）。

图3-13　德国宝马汽车公司客户接待中心外观、内部空间、空间建构及平面图

图3-13 德国宝马汽车公司客户接待中心外观、内部空间、空间建构及平面图（续）

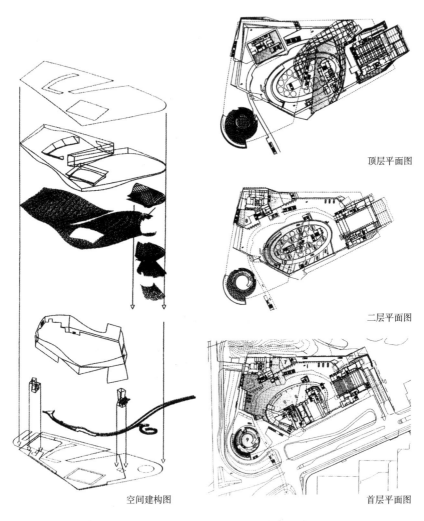

顶层平面图

二层平面图

空间建构图

首层平面图

图3-13　德国宝马汽车公司客户接待中心外观、内部空间、空间建构及平面图（续）

　　在扎哈·哈迪德的建筑创作中，开放空间同样是其着力强调的部分，也是其先锋思想的核心构成。她通过对传统界面的消解、层与层的叠加，来生成一种"四维连续"的概念，让建筑空间成为一个开放与多义，且具灵活适应性的复合体系，以此来应对发生在空间中的不确定性行为和事件。与此同时，交通组织也不再依附于功能空间，而被赋予了更多的可能性，从过渡性的角色转变成为了空间的有机组成（图3-14）。

图3-14　沃尔夫斯堡费诺科学中心交通空间

　　由哈迪德设计的沃尔夫斯堡费诺科学中心，坐落于威利布拉特广场之上，其架空的首层对基地开放，让不同方向的动线在这里交汇融合。架空建筑的倒锥体由地面伸至屋顶，容纳了该建筑所需的各种辅助设施和用房，包括建筑的主入口、书店、餐厅、研究室和一个250座的多功能厅等。然而，该建筑的最精彩之处却主要体现在内部开放空间的建构上，在其内部，除了必要的楼梯和倒锥体之外，没有任何分隔界面和竖向结构构件，形成一个开放、通透和连续的空间，众多的科学"实验站"自由灵活地分布于其中。另外，哈迪德借助模糊的手段，消解了功能空间与交通组织的界限，使得整个内部空间都不具有传统空间中那种明确的路径。然而，在这个足够开放的环境之中，可感知的层次性依然清晰可见，倒锥体、楼梯、光线以及空间形态等都在催生着空间中的动态和不稳定性特征，构拟着空间中不可预见的随机和偶然性（图3-15）。

图3-15　沃尔夫斯堡费诺科学中心外观、内部空间、剖面及平面图

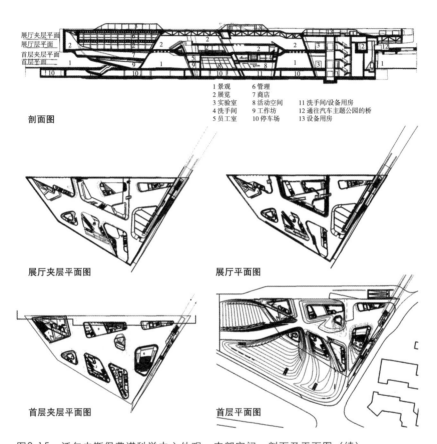

剖面图

1 景观　　　6 管理
2 展览　　　7 商店
3 实验室　　8 活动空间　　11 洗手间/设备用房
4 洗手间　　9 工作坊　　　12 通往汽车主题公园的桥
5 员工室　　10 停车场　　　13 设备用房

展厅夹层平面图

展厅平面图

首层夹层平面图

首层平面图

图3-15　沃尔夫斯堡费诺科学中心外观、内部空间、剖面及平面图（续）

策略五：媒介空间生成流动的『镜像体验』

复杂-非线性策略五的生成

在信息化与网络化风暴全面来袭的时代里，人们的思维和行为方式都发生了巨大转变，不连续与片断化逐渐取代了人们意识中那些曾经熟悉和稳定的画面。众所周知，基于不同的社会文化、价值观念和意识审美，人们对于传统空间的认知和体验往往会有很大的差异，但人们认知的前提和事实却都是相同的——限于那些意识经验中熟悉的场景，而非形成这些场景的机制。这种现实与认知之间的错位也深刻地影响到了人们对于建筑和城市空间的理解。这个时候，已经沦为快速城市化代谢物的建筑，继续墨守成规显然不合时宜，它需要与后现代语境中的那些异质的、流动的、混合的和交织的经验相结合，从而拥有生生不息的再生与创造性潜力。

随着建筑与数字、影像、声音和光影等各种可感知媒介所进行的串联，逐渐催生了足以颠覆传统局面的媒介空间。它是一种介于真实与虚拟之间的存在，一种跨越历史与未来的交融状态，它在模拟传统物理空间的同时，再度延伸了空间开放的观念，并强化了虚拟空间所提供的信息和语境。媒介空间作为一个无限开放的过程，将人们的空间认知和审美都带入到了一个全新的层面，开始面向建筑内部和城市空间传递"镜像体验"。而这也贴近了爱德华·索亚所提出的"第三空间"概念，同为一种自由灵活地呈现空间的策略、一种差异的综合体、一种随着信息语境变化而改变着外观和意义的"复杂关联域"。

对于当代先锋建筑而言，通过异质性的建构来打破传统空间格局的同时，又在媒介空间的串联下，让静态的真实转化为了流动的真实，对外自由地散播，成为了可被真实体验和消费的对象，并在传送各种空间构成的基本特征和表现时，体现出一种远程的建筑美学。另外，随着复杂-非线性思维下的建筑与媒介的结合，拥有全新媒介空间的建筑也被置于了生生不息的再生与创造性的潜力之中，并时刻作为一面镜子反照现实生活空间的各式样态。这种延伸的认知看似有些不够真实，但它却是基于真实的"我在"、"我见"和"我思"，透过信息的交互与人们的情感和意识建立起的多维关联。这也实现了与亨利·列斐伏尔将"他者"概念引入到空间一样的效果，并为空间注入了一种创造差异性的批判意识。可以说，这种兼具物理空间与虚拟空间特性，同时生成了异质的、流动的"镜像体验"的媒介空间将成为未来空间概念的重要构成。

策略五对相关案例的介入

伊东丰雄很早就从东京城市空间中的虚拟色彩里敏锐地意识到了电子信息时代作用于建筑的影响,所以,他在建筑创作中,总是积极地将空间与信息漩涡中的各种现象相联系,使其成为调整自身以适应环境的重要手段。他不再强调形式的永恒与明确,而是转向空间的流动、信息的传递、暧昧的氛围和镜像的体验。他在肯定身体的真实之外,也确认了由媒介空间所生成的虚拟的真实。

伊东丰雄曾经为伦敦维多利亚与艾伯特博物馆中题为"视觉下的日本"的展览设计过一个建筑装置,它是伊东丰雄对信息时代媒介空间的一种自由构想和直观陈述,该装置主要是由波状"媒介墙"、光控地面和"媒介终端"相互链接而成。其中,"媒介墙"被确定为多变的信息渗透膜,当屏幕不透明时,它借助液晶的光点显示图像,而当屏幕透明时,它随机播放的东京城市的图像就映射到了观众的衣服或对面的反射板上;光控地面则是一块装有光控设施的升起地板,当影像从它的表面缓慢地滑过,它就变成了一湾平静的池水,而随着光亮的逐渐加强,池水也就扩散成为了大海,淹没了眼前的一切;而5个"媒介终端"则通过不同的传感器,对接着观众与东京城市的相关内容所进行的互动。显然,在这个不大的媒介空间中,影像、光影、声音和行为实现了交融与碰撞,颠覆了传统空间的组织架构,营造出了一场别开生面的"镜像体验",让人们的意识在真实与虚拟之间交替延伸(图3-16)。

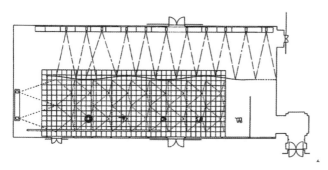

图3-16　"视觉下的日本"的装置内部空间与平面图

　　作为英国当下最受瞩目的建筑师之一，托马斯·赫兹维克
（Thomas Heatherwick）也同样深刻地意识到了信息化社会中，信
息传递与空间组织相结合的重要性，这在其先锋之作——上海世博
会英国馆的设计中，比伊东丰雄贯彻得更加彻底。赫兹维克借助先
进的现代技术和多变的表现手法，将建筑中的信息传递从内部空间
扩展到了外部界面，而由内而外的动态的影像和虚幻的场景，在实

现建筑非物质化的同时，也营造出了一种现代诗意，让身处建筑内外的人们都能够真切地感受到"镜像体验"的魅力。

在2010年上海世博会英国馆的展区中，主要布置了"绿色城市""开放城市""种子圣殿""活力城市"和"开放公园"等景点，而"种子圣殿"则是整个创作理念的核心部分。"种子圣殿"是一个六层楼高的立方体，其周身遍布着6万多根、7.5米长的透明亚克力杆，远远地望去，就像是一朵蒲公英飘落在荒漠中，不管是在白天还是夜间，都能以其惊世脱俗的形态吸引着众人的目光。在白天，日光可以透过亚克力杆照亮内部空间，将数万颗种子呈现在人们的面前；在夜间，亚克力杆内置的光源又可照亮整个建筑，使其光彩夺目。然而，它并不仅仅是一个强调艺术性的装置或秀场，更是一个满载着信息传递却又灵动飘逸的"容器"，是建筑与媒介相融合的产物，它幻化的场景根本无法透过外表加以揣度，以至于在其统领之下，整个展区也都散发出了一股神秘而又令人神往的气息。可以说，这是一个由内而外令人倍感好奇却又充满活力的媒介空间，在这里，流动的、转瞬即逝的"镜像体验"随处可见（图3-17）。

图3-17　上海世博会英国馆外观与剖切模型

策略六：仿生自然扩展有机增殖的适应性

复杂–非线性策略六的生成

　　随着人类对存在意识的加强和对差异欲望的放纵，致使自然生态和社会生态都在显现出急剧的异化倾向，这不仅影响到了自然环境的生态平衡，也严重地制约了人类自身的有机增殖和存续发展。另外，由于人类所能掌握的建筑类型存在着现实局限性，它不能够被无限地重塑，如果试想仅仅依靠建筑类型的扩展和异质性的建构，来破解人类在建筑和城市空间中所遭遇的意识或技术障碍、创造乏力等难题，显然是不现实的。所以，人们始终都在反思：如何才能让建筑既满足人类自身与人类社会不断发展的需要，又能实现自身在自然环境中的有机增殖呢？通过对生物系统从混沌到有序演化进程的深入观察、对比、分析和总结，人们发现建筑和城市系统与自然生态系统有着跨类别的相似性，而仿生自然便是解决以上问题的重要方式和途径。

1960年，在美国俄亥俄州召开了第一届仿生学讨论会，该会议最终确定了仿生学的基本概念，就此宣告了仿生学的正式诞生。而到了1983年，在《建筑与仿生学》（Architecture and Bionic）一书中，德国人勒伯多（J.S.Lebedew）通过对建筑仿生学的意义及其与生态学和美学的关系，以及建筑仿生的方法的系统论述，奠定了建筑仿生学的理论基础。而在此之后，从城市规划到单体设计，从外观形态到内部功能，从材料到细部等诸多方面都可以看到它的影响。就像科克尼所说的那样，在人类几乎所有的设计中，都可以找到大自然所赋予的最强有力的信息。

作为当代先锋建筑创作中的一项特别操作，仿生自然对于当代建筑的生态与可持续发展、形态的丰富等方面都具有十分重要意义。它既是建筑贴近自然，人类与生态环境和谐共生的主要方式，也是建筑适应现实世界复杂性的根本策略。就像亚历山大所强调的那样，没有哪个建构过程会直接产生有机生物体所具有的复杂性，除了那些秩序自身增殖的非直接的生长过程。当代先锋建筑仿生自然的具体操作主要包括建筑形式、组织结构和功能形态等三个方面。仿生自然在继承了功能主义"形式服从功能"的美学原则的同时，也扩展了这种功能的类别和意义，生成了新颖的造型、生动的形象和精巧的结构体系，实现了形式、结构和功能的有机融合，增强了建筑对生态环境和复杂现实的双重适应性。

策略六对相关案例的介入

因巴黎蓬皮杜艺术中心而扬名于世的意大利建筑师伦佐·皮亚诺（Renzo Piano），在建筑创作中并不讲究相对固定的形态建构，而是植根于传统的继承和创新，突出技术的探索与技术对地域文化的表述，进而实现技术、艺术、材料与场地环境的自在融合。在具体的操作中，皮亚诺善于借助技术仿生自然的手段，从技术的自然属性出发，将生物形态及其内部结构的组织系统引入到建筑的创作之中，让人们能够真切地感受到建筑从属于自然这个复杂生态系统的存在意义。

位于南太平洋中心的法属新喀里多尼亚的努美亚海岛上，由皮亚诺主持设计的芝贝欧文化中心，主要是由十个不同功能和规模的单元组成，循着地势依次展开，呈线性分散布局。其外观形态呈现为竖向放置的编织结构和"未完成"状态，与周围的岛礁、海水和植物相映成趣，被皮亚诺戏称为"由植物伪装过的坦克"。对于新喀里多尼亚的卡纳克（Kanak）土著文化的展现，是皮亚诺创作的出发点，他通过对当地棚屋形式的研究，以及对棚屋与当地的土著文化、生态环境和气候特征融合方式的发掘，结合自身对技术和材料的娴熟运用，创造了这组极具地域性特色的开放性建筑。整个创作过程践行了建筑仿生学的基本原理，完美地实现了原始情结与现代技术的结合，如同自然进化过程中的"有机增殖"，在生态环境和开放系统中表现得极具适应性（图3-18）。

图3-18　芝贝欧文化中心外观、草图及细部

与皮亚诺等建筑师仿生静态的有机形态有所不同，圣地亚哥·卡拉特拉瓦（Santiago Calatrava）这位当前世界异常活跃且极具创新意识的先锋建筑师，基于仿生自然对"自然界中生物的形态是产生其形状的物理力的痕迹"的深刻理解，将建筑的结构形态作为活的有机体来对待。他所创作的建筑形态具有很强的识别性，总能让人们联想到复杂生命有机体的构成，并且展现着完美、巧妙和优雅

的艺术性，是对逻辑之美、生命活力和"有机增殖"的极致诠释。

瓦伦西亚艺术科学城就是这样一组基于仿生自然而实现有机增殖的典型案例。该组建筑分布在干涸的图里亚河床之上，主要是由索菲亚歌剧院、天文馆、菲力王子科学博物馆和水族馆等四部分组成（图3-19）。其中，长达230米，高约75米，被人们比作头盔、甲壳虫或飞船的歌剧院造型最为奇异，特别是在空中划出优美弧线的混凝土顶板以及镶嵌着反光瓷砖，在阳光照射下闪闪发亮的外墙面。相比于极具动势的歌剧院，一桥之隔的天文馆要显得沉稳许多，它那"眼帘"状造型，可以上下开启和闭合的巨门，在水面或灯光的映衬下如梦似幻，让人浮想联翩。而该组建筑群中体量最大的科学馆，就像一副搁浅在水面上的鲸鱼骨骼，不管是形态、结构，还是空间建构，都表现得富有韵律和秩序感，以至于人们站在它面前，会立马产生肃然起敬之感。夹在科学馆与水族馆之间的双向单臂拉索桥，犹如一架白色的竖琴，并与岸边18米高，320米长

图3-19 瓦伦西亚艺术科学城总体布局卫星影像图

的植物园中纤细的金属织状物相映成趣，在蓝天白云和绿树碧水之间共同奏响了遵循结构逻辑的绵长之音。可以说，该组建筑通过形态、结构和空间等方面的具体建构，生成了极富动感的有机形态，带来了无与伦比的美感和浮动的诗意，是当代先锋建筑仿生自然的极致演绎（图3-20）。

图3-20　瓦伦西亚艺术科学城外观

第四章

当代先锋建筑对于共生场景的构想

地域性与全球化的共生
+
局部与整体的共生
+
透明与模糊的共生
+
真实与虚幻的共生

　　当代先锋思想对于共生的阐述涉及到诸多领域和层面，比如说人与自然的共生、艺术与技术的共生、历史与未来的共生，以及民主与集权的共生等。而落实到当代先锋建筑的具体构想上面，则主要体现在四个方面：地域性与全球化的共生、局部与整体的共生、透明与模糊的共生，以及真实与虚幻的共生。

地
域
性
与
全
球
化
的
共
生

地域性与全球化共生的意义

　　基于畅通的信息、便捷的交通、先进的技术以及密集流动的资本的驱使，人类社会各个层面的发展都在趋向于全球化的方向，不管人们是否情愿面对或接受，它都是历史发展的必然。很多文化学者将其视为洪水猛兽或低俗之物，认为它的强势来袭，将会带给与其"存在着不可调和的矛盾"的地域性文化毁灭性打击，这样的观点显然过于夸张，有失客观性。众所周知，世界的统一性在于物质，而物质世界始终都是多样性的统一，在当下这个强调多元化与多边性的社会语境下，地域性与全球化文化之间的对立或矛盾都可被接受。所以，全球化不但具有成为单极化的霸权主义的任何可能，而且它还将打破稳定与均衡的传统美学观念，带来多元化的价值倾向，并在一定程度上为地域性文化注入可以实现自我更新的活态因子。

具体到建筑和城市领域，"地域主义"这一概念由来已久，只是在传统建筑时期，没有全球化作为参照，无法形成自我意识而已。所谓的"地域主义"实指分散的地域性特征，这一状况一直持续到20世纪早期——新生的现代主义获得了全球化的热捧为止。与此同时，刘易斯·芒福德（Lewis Mumford）也对其做出了重新定义。

"并使之脱离唯利是图的商业目的与狭隘跋扈的沙文主义的陋习，而不再以资源的滥用和对环境与经济的漠视为代价。"⊖

二战结束以来，众多建筑师例如亨利·坎普霍夫纳、保罗·鲁道夫、阿尔瓦·阿尔托、拉斐尔·莫尼欧以及查尔斯·柯利亚等，先后尝试着将先进的现代技术与地域文化的融合作为适应时代的方式，来推动"批判性地域主义"的发展，使其在很长的时间里，都能够与现代主义和后来的后现代主义分庭抗礼。

但是，时至今日，全球化的程度及其特征都较之前发生了巨大的变化，受其影响，建筑与历史、文化、场地和环境之间的稳定状态逐渐被打破，城市与城市、城市与乡村之间的界限开始变得含混

⊖ 亚历山大·楚尼斯，利亚纳·勒费夫尔.批判性地域主义——全球化世界中的建筑及其特性.王丙辰，译.北京：中国建筑工业出版社.2007：10.

与模糊，不同区域的个性化特征也渐渐被削弱和消解。那么，面对这种局面，当代先锋建筑师又该如何应对呢？

通过第二章和第三章的论述，我们可以看到，当代先锋建筑思想已经不再局限于对全球化或地域主义的单面强调，而是在借助异质性的建构来赋予地域文化以批判和创新精神的同时，还牢牢抓住了"地域主义的文化内涵"这一纽带，通过自身具有优越性的现代技术对其进行深度发掘和灵活延续。而其具体的操作则主要是基于复杂-非线性思维所生成的策略，不管是策略一"抬升的'地景'介入建筑"，还是策略六"仿生自然扩展有机增殖的适应性"，其具体的操作无不是从全球化的视野出发，从地域文化中汲取营养所做出极致的诠释。譬如皮亚诺创作设计的芝贝欧文化中心，即是仿生自然的结果，也是地域性与全球化文化相碰撞的产物。另外，当代先锋建筑思想还同时强调一种模糊存在的"临界状态"或"中间状态"，这使其区别于"地域主义"和"批判性的地域主义"二元对立的根本出发点。其具体的操作也同样基于复杂-非线性思维所生成的策略，无论是策略二"消解的表皮关联浮动的边界"，还是策略五"媒介空间生成流动的'镜像体验'"，在其具体的操作中，都突出了界面与空间中那些不断自我更新的特征。

如果说全球化是一个极具扩张性的、被期待的、没有终点的过程，那么，地域性就是处于全球化对立面的一种不断自我更新与重塑的有机现象。当代先锋建筑思想通过地域文化的指向性与异质文化的个性嫁接，获取了批判与创新的动力，并借助复杂-非线性思维实现异质共生的策略，以一种超越的姿态，化解着地域性与全球化的对立和矛盾。

相关案例中的共生场景

对于深受现代建筑大师密斯·凡·德·罗影响的格伦·马库特（Glenn Murcutt）而言，简洁的平面布置、轻巧严谨的结构和通透流动的空间一直都是他所追求的设计效果。但是，随着自身阅历的增加，以及对全球化质疑的加剧，他开始关注澳大利亚的地域性文化，并从澳大利亚的自然环境和土著文化中汲取创作灵感（图4-1）。他强调建筑与场地的对话，力求通过一种可调节的灵活性来适应和体现环境的微妙变化，使其获得持久的生命力。就像马库特自己所说的那样，

"我的做法从来都不是坐下来思索怎样才能设计出澳洲本土化的建筑，这太简单幼稚。我唯一感兴趣的是设计出与我自己的文化、技术和地方相吻合的建筑。"⊖

图4-1　澳大利亚的土著文化

⊖ 《大师》编辑部.格伦·马库特.武汉：华中科技大学出版社.2007：40.

　　由澳大利亚艺术家阿瑟·鲍伊德资助，位于开阔的农场用地之中，面向清澈壮美的自然河道景观的鲍伊德艺术中心，是格伦·马库特基于地域性与全球化文化相融合的代表性作品之一。该建筑从自然景观到室内空间的过渡非常自然，内部功能与交通空间的组织也非常顺畅，面向山坡的走廊串联起各个居室，且对高处的树林开放，而居室之间的平台又总是将人们视线引向远方的河谷。这种开放性的处理，除了满足与环境的对话外，也提供了空气自由流通的保障。而该建筑的平直线条与自然环境中的缓和曲线也形成了鲜明对比，灵活多变的建筑界面也让室内外的光影和空间过渡充盈着戏剧性的变化，特别是轻薄的屋面、向外收分的悬挑和鳍状的遮阳板，都让建筑显得轻巧而又俊秀。另外，马库特还选择了一种适应于当地气候条件的建造工艺，通过架空处理减少建筑基底对环境的直接破坏。可以说，所有的这些操作，都是马库特通过技术手段切实改善环境消耗的有效途径，也是他基于全球化的视野，以建筑为媒介，对地域性文化进行系统化继承和改进所建构的适应性策略（图4-2）。

图4-2　鲍伊德艺术中心外观

158

图4-2 鲍伊德艺术中心外观（续）

　　与格伦·马库特将主要精力投放在私人住宅的设计上完全相反，马来西亚建筑师杨经文（Kenneth Yeang）将研究与创作的方向主要集中在高层建筑的生态与可持续发展方面。因为在他看来，在全球化趋势和城市化进程日益加快的社会背景下，现代城市的紧凑型发展是可预见的，而高层建筑的蓬勃发展也是不可避免的，而他的研究主要是以一种积极的态度去探索高层建筑与城市环境、地域性文化有序共生的合理途径。在具体的操作上，杨经文则主要是从地域性的气候与文化特征入手，借助高技策略和生物气候学的方法，来实现整体节能的"低能耗设计"。 EDITT大厦、MBF大厦和梅纳拉大厦等高层建筑，都是杨经文针对其所处地区的人文和气候特征所做出的尝试。

　　梅纳拉大厦是IBM公司在马来西亚的代理处办公楼，也是该地区的地标性建筑，它融合了杨经文多年来在高层设计中运用生物气候学方法的所有构想，是被动式低能耗的"太阳轨迹"系列代表性建筑。在该建筑的创作过程中，杨经文一方面继承了传统建筑朴素的生态属性，从东南亚传统建筑中的气候适应性出发，利用场地环境和自然景观营造了独特的街景；另一方面，杨经文又基于当代先锋建筑思想与生态设计理念，结合现代技术与材料，对热带地区的建筑在生态属性方面做出了积极的探索和尝试。另外，该建筑的形式也被视为响应环境的一部分，特别是由逐层分布的空中庭院与凹陷的外庭空间相连接所形成的螺旋形式，极具动感且富有时代气息。与此同时，满足了通风、遮阳、架空和开放等要求的细部设计也都依据具体的光线角度和路径，达到了极其精确的程度。从以上的分析中不难看出，该建筑即是杨经文的整体节能理念的实践，也是其通过技术手段调和地域性与全球化之间的对立和矛盾，并使其趋于共生的先锋探索（图4-3）。

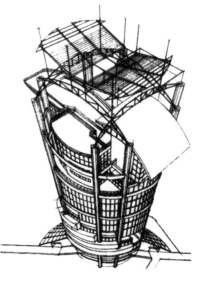

图4-3　梅纳拉大厦外观

局部与整体的共生

局部与整体共生的意义

在自然界中，处于生物链上的任何个体或群体，如果不能够与其他生物建立持续的依存和共生关系，那么，它必将趋于灭亡。对于人类社会而言，也是同样的道理。日常生活中的任何行为或事件也都不会孤立存在，即便是突发性事件也总能发现一些其背后鲜为人知的真相。如果将以上现象抽象理解，我们可以从中分离出局部与整体的概念，这对看似对立的概念，实际上都是动态秩序下某些关联或法则的呈现，它们并不依循于"主客二分"的等级关系，而是有机的共生体，是我们认识自身和了解外部世界的重要参照。所以，我们对于外部空间中的各种行为和事件的理解，既不能脱离整体去分析局部，也不能忽略局部去强调整体，否则局部的模糊性将会得到加强，整体的稳定性也会面临威胁，人们意识中那些稳定的空间图式也将遭到瓦解。正如黑川纪章在《新共生思想》一书中所说：

　　"只有把从整体出发的构思和从部分出发的构思，等价值等比重地同时考虑的整体式构思方法，才是最有创造性的。"⊖

　　当代先锋建筑思想显然接受了局部与整体的"等价值等比重"关系，它让局部成为了与日常性行为相融合的有机组成，又让整体成为了有机组成的复合影像，包括人们熟悉与不熟悉的、可见与不可见的部分。具体而言，当代先锋建筑中的异质性建构，无论是"思想""参照"和"形态"，还是"功能""空间"和"语言"，都是相对局部性的操作，它们通常都对应着孤立的行为、事件和各种分散的场景，呈现出非连续性的状态。而对于异质共生的构想则是相对整体性的策略，是连续的有机概念，它通常指向了空间的开放以及行为与事件的叠加，这在第三章策略三"叠置的层次对接空间中的运动和事件"和策略四"开放空间构拟不可预见的复杂"中都有所提及。

　　对于强调异质共生的当代先锋建筑而言，更加关注的是空间中

⊖ 黑川纪章.新共生思想.覃力，杨熹微，慕春暖，吕飞，徐苏宁，申锦姬，译.北京：
　中国建筑工业出版社.2009：77.

的行为和事件，然而，行为的主体对于空间路径的选择通常都具有不确定性，而事件的发生也都充满了随机与偶然性，这势必造成人们对于局部与整体的感受会产生区别。比如，生活在北京城里的人们，每一个个体都会对应着一个北京印象，然而，这些个体化印象都不是完整的北京，因为没有人可以看全，看透北京。可是，即便如此，也不能够抹杀局部与整体的概念所表现出的适应性和指导意义。在当代先锋建筑思想中，局部与整体的和谐共生，在接纳复杂性行为和事件的同时，也在剔除与其相随的对立和矛盾，维持了建筑中稳定的组织关系与自在的秩序性。

相关案例中的共生场景

在当代先锋建筑中，能够完美诠释局部与整体有机关联、和谐共生的案例有很多，譬如由贝聿铭设计的法国卢浮宫改造工程、诺曼·福斯特设计的德国议会大厦改造工程、槙文彦设计的华哥尔艺术中心和彼得·卒姆托设计的科伦巴艺术馆等。但是，无论是贝聿铭的玻璃金字塔方案，还是诺曼·福斯特的玻璃穹顶方案，在设计之初都曾饱受争议；而华哥尔艺术中心上部各种几何形体的并置，以及科伦巴艺术馆四处残壁与新建墙体的拼合，也是同样难以理解的。这是因为很多时候，人们都将目光仅仅局限于改造性、拼贴性或叠置性的局部，而割裂了整体的意象或碎片所串联起的庞杂内容，所幸它们都经受住了时间的考验。

坐落于柏林市中心，始建于19世纪末的德国议会大厦，承载着德国历史的鲜活印记，是德国统一的象征，所以，它的改造设计对于整个国家、社会民众和建筑师而言，都显得举足轻重。作为高技派代表性建筑师，诺曼·福斯特通过整体性构想结合局部性操作，让这个历经沧桑的古典建筑再次骄傲地矗立在世人面前。所谓整体性构想，就是要尽可能地保留这个建筑所蕴含的所有历史信息，并使其得到扩散的同时，实现对未来的延续。因此，在具体的操作中，福斯特虽然重置了整个建筑的支撑系统，却保留了传统的形式、原始的摆设和战争遗留的痕迹；所谓的局部性操作，则是将二战时期遭到毁坏却尚未得到修缮的中央穹顶的加建设计作为焦点，来激活外部环境和内部空间。由透明玻璃、金属框架和遮阳百叶所建构的这一崭新穹顶显得轻盈通透，与该建筑保留下来的厚重形体形成了鲜明的对比。在该穹顶开放的内部空间中，两条体验与观景坡道贴着穹顶的表皮内部螺旋上升，与穹顶顶端垂下来联结议会大厅顶窗的倒锥形玻璃体交相辉映。而站在该开放空间中的人们，也可以透过议会大厅顶部的透明玻璃，随时观察到议会大厅中所发生的行为和事件。显然，开放与通透的不仅仅是穹顶和议会空间，还有这个国家的政治制度。诺曼·福斯特通过他先锋性的探索精神，寻找到了历史与未来对话的窗口，他让局部的穹顶与整体的传统实现了有机的交融，也让备受争议的圆形穹顶成为了柏林城的新地标，开创了共生的新局面（图4-4）。

图4-4　德国议会大厦外观、内部与顶部空间

　　与德国议会大厦高大的形象相比，位于科隆市中心，由彼得·卒姆托设计的科伦巴艺术馆则显得较为谦逊和质朴。但是，该建筑并不像它看起来那么简单，特别是局部与整体的共生，在多个层面都有所体现。首先，该建筑位于完整的教会辖地的西南一角，与东、北方向留存的历史建筑形成了跨越性的并置；其次，该建筑的基地原是一处布满出土文物和墙基的发掘遗址，局部残存的墙壁被缝合在新建筑的整体之中，并非只作为纯粹的装饰而存在，而是一种文化的传承和延续，增强了新建筑的厚重感，是有机整体的重要组成。而在贴近建筑内侧的小庭院中，遗留的残壁结合青翠的绿植和单调的铺地，也让富含历史气息和宗教氛围的庭院空间显得静谧而又动人；再次，在该建筑的内部空间中，位于首层800多平方米的遗迹大厅拥有2000多年的历史，它相对于完整的内部空间是局部性的存在，作为遗迹大厅的有效补充，二层和三层空间则主要被设计为局部通高的遗迹大厅的上空和大小各异的矩形展厅，这些展厅空间呈现为场与场的有序连接，既可以是展出空间，也可以是过厅或交流空间；最后，在该建筑外立面的中间部分，外墙面上布置着错落有致的洞口，既是整体外观的新旧衔接和自然过渡，也将外部的自然光线引入到遗迹大厅之中，生成了散落的斑驳光影，随着时间的推移，这些活跃的光影搅动了原本黯淡的空间氛围。显而易见，该建筑充分展现了卒姆托对于历史遗迹的尊重，对于空间、材料和自然光线的讲究，而所有这些元素的完美融合，又极致地诠释一个新建筑物的有机完整性、局部与整体的和谐共生，以及由此衍生出的无限可能性（图4-5）。

图4-5　科隆科伦巴艺术馆内部空间与外观

图4-5 科隆科伦巴艺术馆内部空间与外观（续）

透明与模糊的共生

透明与模糊及共生的意义

仔细想来，透明与模糊这对概念，其实与东西方的传统哲学思维和审美观念存在着清晰的逻辑对应关系。西方哲学思维中的理性、确定性、物质性和无限性在建筑领域中都可以被视为透明的特性。对于这些特性的演绎和诠释，密斯·凡·德·罗的一系列作品最具代表性，比如范斯沃斯住宅、巴塞罗那德国馆和柏林新国家美术馆等。而在东方哲学思想中，感性、不确定性、非物质性和有限性则显然对应着模糊的特性。这些特性在东方的传统建筑中被表现

170

得含蓄而又内敛，比如中国传统建筑中的屏风与布帘设置、日本和式建筑中的灰空间与壁龛纸的运用等。随着全球异质文化的交融以及东西方哲学观念的彼此渗透，透明与模糊在共生中被统一为"透明性"的概念，并进一步延伸了人们对于空间的感知和理解。柯林·罗（Colin Rowe）和罗伯特·斯拉茨基（Robert Slutzky）在其合著的《透明性》一书中写道：

"除了视觉特征之外，透明性还暗示着更多的含义，即拓展了的空间秩序。透明性意味着同时对一系列不同的空间位置进行感知。"⊖

　　而在当代先锋建筑的创作中，除玻璃等透明材质之外，玻璃砖、玻璃印染、穿孔金属板、钢丝网、金属或木质的活动百叶、透光的大理石以及窗帘等半透明材质也得到了广泛的探讨和运用。这些降低了透明性的材质，在消解建筑内外空间的界面、实现建筑与场地环境有机融合的同时，也让建筑中的空间划分在人们的视觉上呈现出了开放、叠加和交织的状态，并充满了层次性和流动性，产生神秘的氛围。而所有这些既是对信息化社会所追求的多元、多变与复杂的暗合，也是对当代先锋建筑美学观念异化与转变的揭示。

　　概括而言，在当代先锋建筑创作中，透明与模糊的共生是一种消解手段，它通过对材质的虚化，对整体的去重量感，以及对基地的脱离，让建筑产生了轻盈、缥缈和浮动的欲望；透明与模糊的共生是一种气韵流动的空间现象，它暗示着愈加宽泛的空间秩序，串

⊖ 柯林·罗，罗伯特·斯拉茨基.透明性.金秋野，王又佳，译.北京：中国建筑工业出版社.2008：25.

联起了不同的空间层次，让空间的绵延饱含着诗意的和谐；透明与
模糊的共生是一种图像媒介，它将各种符号信息植入到空间界面，
让建筑演变成了信息的渗透和传达的集成体；透明与模糊的共生是
一种超理性思想，它让建筑摆脱了精确的理性思维的束缚，在透明
与不透明之间营造出了独特的感官效应。

相关案例中的共生场景

对于透明与模糊的强调在当代先锋建筑师的具体操作中并不
少见，譬如让·努维尔、赫尔佐格与德梅隆、妹岛和世与西泽立卫
以及隈研吾等。他们对于材质"透明性"的挖掘，对于材质"透明
性"在实践中的演绎，及其与时代性的结合等方面都做出了积极的
探索。其中，赫尔佐格与德梅隆针对透明与模糊的操作，主要集中
在分隔内外空间的表皮上面，独到的认识和创新性在他们的一系列
作品中被诠释得淋漓尽致，让他们的建筑即充满个性，又富含一种
不可捉摸的深度。比如巴塞尔Rosetti街区的药房、米卢斯利可乐公
司厂房、慕尼黑戈兹美术馆、旧金山德扬博物馆和纳帕山谷多明莱
斯葡萄酒厂等。

位于旧金山的德扬博物馆，延续了赫尔佐格与德梅隆一贯的
设计手法。经过穿孔和锻压后的铜质表皮在计算机的操控下，被有
序地覆盖在简单的形体之外，形成了从透明到不透明的连续渐变序
列，打破了沉闷的氛围，激活了整个室内外空间。而与此同时，复
杂多变的铜质表皮又与纯净的玻璃发生交替，在共生中呈现出一
种精致而又轻盈的体态，彰显出谦和且优雅的气质。另外，"透明

172

性"的铜质表皮也区别于传统的围合界面，为开敞的室内展览展示空间提供了柔和的光线，并使其随着自然光线或人工照明的变化，表现得或明或暗，极富戏剧性。在赫尔佐格与德梅隆看来，他们的设计中之所以出现这种透明与模糊的概念，主要是基于一个特定的环境所要表达的不确定性。而恰恰就是这种透明与模糊所共同孕育的不确定性，穿越了意识、文脉和文化的层叠，成为了德扬博物馆打破旧金山保守形象的"利器"（图4-6）。

图4-6 德扬博物馆外观与内部空间

图4-6　德扬博物馆外观与内部空间（续）

　　与德扬博物馆铜质表皮的时尚感完全不同，位于旧金山北部50km的纳帕山谷里、呈南北排列的葡萄藤中间区域的多明莱斯葡萄酒厂就像一个"土里土气"的、体量巨大的长方体石头盒子。然而，这个看似极其普通的建筑，其表皮的处理却十分精到和成功，主要是由经过筛选的当地天然玄武岩石块填充在不同规格的金属网中，并形成厚重的外墙。根据建筑功能设定的不同，金属网分为大、中、小三种尺度，大尺度的金属网框定较大的石块，可以让光线和自然风进入室内；中尺度的金属网框定适中的石块，用于外墙底部，防止蛇类从填充的石缝中爬入；而小尺度的金属网则框定

174

了较为密实的遮蔽，主要用在酒窖和库房的周围。这种被称为"石笼"装置的外墙设计，不仅很好地平衡了当地温差，更让建筑具有了一种透明与模糊的特质。自然光线虽然可以直接触碰到金属网和石块，可是远远看去，却没有在墙面上留下任何痕迹，显然，它们已经化身为斑驳的光影悄无声息地溢进了建筑的内部空间，并洒在室内的地面和家具上，与含蓄的内部空间、朴素的石材墙面一同奏响了和谐共生的乐章（图4-7）。

图4-7　纳帕山谷多明莱斯葡萄酒厂外观与内部空间

真
实
与
虚
幻
的
共
生

真实与虚幻共生的意义

　　自人类文明以来，真实与虚幻就是一对让人捉摸不透的概念，特别是虚幻，在很长的时间里，它都与宗教的神秘性或哲学的辩证观结合在一起，而不被常人所理解。作为串联真实与虚幻最为直观和常见的载体，以及人类精神中区别于宗教和哲学的另外一个支点，绘画艺术是一种通过真实景象的异化虚构，一种对抗现实的观念反转，一种情感的重塑和升华，拉近了真实与虚幻的距离，加深着人们对于两者的认知。譬如，西班牙超现实主义画家胡安·米罗

176

（Joan Miró）就在其创作的《哈里昆的狂欢节》、《投石打鸟的人》等作品中，通过点、线、面的结合，勾画出了没有立体感和透视感的效果，并以稚拙朴素且洋溢着幽默的方式，凸显着一种超凡脱俗的奇幻意境（图4-8）。

图4-8　胡安·米罗创作的《哈里昆的狂欢节》

随着先进技术对人们时空观的拓展，技术与艺术的结合性创作迎来了革命性的发展，在艺术中所潜藏的气韵和意境也开始更多地浮现于媒介空间中，并逐渐成为被体验和消费的对象。在媒介空间中，虚幻作为人类意识的一种投射，在呈现另外一种贴近身体和融入意识的真实性的同时，也与真实一起托起了人类精神的全部诉求；在媒介空间中，真实与虚幻的界限变得模糊，渗透与交融取代了对立与对抗，由真实与虚幻所生成的层次性也逐渐成为了人们的意识常态。而这也契合了梅洛·庞蒂（Maurece Merleau-Ponty）的哲学观，

"不需要在世界的未完成和世界的存在之间、在意识的介入和意识的无所不在之间、在超验性和内在性之间进行选择，因为如果单独肯定其中的任何一项，都会使矛盾产生。"⊖

当真实与虚幻步入同一轨道，一种全新的感知体验便开始在媒介空间中悄然生成。当代先锋建筑师们也已经敏锐地意识到了这样一种转变，所以，他们不再将技术表现形式作为聚焦的重心，而是从情感的沟通和精神的召唤出发，构拟着能够兼容真实与虚幻两种状态的界面形式和媒介空间。它们可以是点、线、面的结合，也可以没有立体感和透视感，但是它们必须能够直指人们的内在意识，与人们的情绪建立关联。正如苏珊·格林菲尔德曾在《内空间》一文中所说：

"当我们成熟历事之后，我们内心当然有着希望、恐惧、梦想、思想或幻想：你可以闭上眼睛，在你的内心开启意识的大门。即便是以最简单的形式，即感官世界的变化带来的内心状态的改变。"⊖

对于当代先锋建筑而言，经由异质性建构和实现异质共生的策略所生成的奇异变幻的界面形式和令人无限遐想的媒介空间，既突破了历史传统的局限，也为建筑注入了新时代的文化内涵。

⊖ 莫里斯·梅洛-庞蒂.知觉现象学.姜志辉，译.北京：商务印书馆.2001：420.
⊖ 弗兰克斯·彭茨，格雷格里·雷迪克，罗伯特·豪厄尔.空间.马光亭，章邵增，译.北京：华夏出版社.2011：6.

相关案例中的共生场景

在让·努维尔的建筑作品中，我们总能看到物质与精神、真实与虚幻自由交错的情景，他的先锋创作在迎合多元与异质的时代性的同时，也在不遗余力地建构着影像化的空间界面和图示化的空间结构，让具体的理性与抽象的可能性实现了最大程度的交融，创造出了神秘、虚幻与多变的艺术效果。特别是那些自由变幻的光影和影像，让建筑摆脱了纯粹的功能束缚而升华为一种情感的容器，在为人们带来奇特的视觉体验的同时，也让人们的情感诉求得到了满足。

由努维尔设计的巴黎凯布朗利博物馆是一座独具魅力的建筑，它主要收藏和展示非洲、美洲、大洋洲和亚洲原始风格的艺术品。出于对非西方文化在建筑表达上的敬意，努维尔采用了方舟的构想原型。对努维尔来说，这样的设计理念主要是为了营造一处即能够展示人类文明，又能够被参观者所接受的神秘场所。所以，在具体的操作中，该建筑不仅兼顾到了所有的展品所对应着的不同文化和历史信息，也被塑造成一个能够引起人们心灵感悟和共鸣的、带有精神色彩的空间，它不是纯粹的物理空间，也不是绝对的虚幻空间，而是一处能够对接历史、现在和未来的媒介空间。而在这一带有模糊性和神秘感的媒介空间中，所有的展品之间也都建立起了一种对话和联系，让瞬间的感受成为了真实，对接着遥远的过去和可预期的未来。在该建筑中，媒介空间的创造，如同搭建在人们的情感和有意义的场所片断之间的一座桥梁，让人们能够获得一种全面的、异质的和流动的感知体验（图4-9）。

图4-9　巴黎凯布朗利博物馆外观与内部空间

与凯布朗利博物馆强调媒介空间串联真实与虚幻的方式不同，努维尔在哥本哈根音乐厅的创作设计中，实现了超理性创作思想与信息化时代的技术特征的深度结合。但就视知觉而言，该建筑表现出了一种令人难以置信的艺术效果，它将真实与虚幻的特性演绎到了极致。从外观形态来看，这个体量巨大、由网格状划分的半透明材料所包裹的立方体，仿佛被施加了魔力一般，充满了变化。在阳光明媚的白天，它呈现着电子工业的蓝色基调；在雾气萦绕的阴雨天，它又变得若隐若现；而到了华灯初上的夜晚，那些半透明材料又转变成巨大的屏幕，轻缓地播放着音乐家的影像。显然，这一切的变化皆是源于轻质通透的表皮所生成的模糊界定，然而，在这种模糊的界定的掩映下，一种介于真实与虚幻之间的交流与过渡空间却也在同步形成。在该建筑中，不管是顶层的大音乐厅，还是下部的三个小音乐厅，在灯光、音响、色彩和影像的配合下，都透射出令人目眩而又崇敬的艺术感。而在自然光线照射下、呈现出二战电影中的机场景象的入口大堂，更是在夜幕中瞬间变身为多媒体俱乐部，嫁接五彩缤纷、玄妙莫测的图案和视频影像，营造出一处亦真亦幻之境（图4-10）。

图4-10　哥本哈根音乐厅外观与内部空间

第五章

典型案例的整体性剖析与知觉体验

184

案例一 → 达拉斯佩罗自然科学博物馆
＋
案例二 → 上海巨人网络总部办公楼
＋
案例三 → 香港理工大学赛马会创新楼
＋
案例四 → 西雅图中央图书馆
＋
案例五 → 釜山电影中心
＋
案例六 → 斯图加特新保时捷博物馆
＋
案例七 → 中国美院民艺博物馆
＋
案例八 → 台中大都会歌剧院

在全球范围内，强调异质与个性的先锋设计越来越多，其中一些汇聚了当代最顶尖先锋建筑师的大智慧之作，非常值得我们全面地体验和感知。既然如此，我们不妨以问题为导向，运用本书前几章所论述的内容，来对其进行整体性剖析和知觉体验，并在"知其然知其所以然"的基础上，真正理解和通达当代建筑的先锋之策。

案例一：达拉斯佩罗自然科学博物馆

建筑师：墨菲西斯（Morphosis）

地　　点：美国 达拉斯

建成时间：2012年

位于达拉斯的胜利公园——城市主干道和高架快速路的交叉处，由汤姆·梅恩主持设计的佩罗自然科学博物馆是当代建筑的先锋之作。对于它的整体性剖析与知觉体验，以下将遵循三大疑问依次展开。

疑问一

该案例在异质性的建构层面表现如何，其背后的相关语义如何理解？

本书在第二章第六节中曾提到，汤姆·梅恩在建筑创作中追求一种强势的自主意识和反叛精神。崇尚冒险、勇于向传统和权威发起挑战，一直以来都是渗入梅恩血液和骨子里的气质。所以，我们丝毫不用担心他的建筑会遗失异质性建构。通过对本案进行整体性剖析，我们会发现，在异质性建构方面，本案在"思想""形态""空间"和"语言"等四个层面表现得较为突出。

总体上看，位于开敞的场地环境之中的本案，虽然在体量上显得有些谦和与内敛，但是，它还是与高架快速路对面那些高调而又突兀的现代高层建筑形象形成了鲜明对照，它略带激进的构想冲破了现代理性与总体性观念的束缚，获得了一种较为写意的存在状态，就像微微翘起的坡地上竖起的一块顽石，让人产生好奇（图5-1）。

然而，随着脚步的临近，人们却会逐渐意识到，不管是"翘起的坡地"还是"顽石"都并非那么沉稳。无论是位于城市道路交叉口处的两个方向的裙房界面毫无顾忌地碰撞所生成的锐利且极具动势的墙角，还是从墙角开始向两侧逐渐加密、结合建筑主体自下而上渐渐变稀的横向纹理；无论是主体破碎的一角和斜插的玻璃体，还是主体外墙上面看似随机实则讲究的横向条窗，其形态的变异与反逻辑倾向都十分明显，以至于途经此地的人们都难以忽视它的存在（图5-2）。

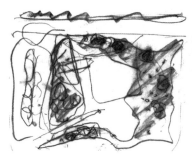

图5-1　佩罗自然科学博物馆的构思草图与自由形态

图5-2　佩罗自然科学博物馆锐利的裙房转角

　　显而易见，汤姆·梅恩在本案中所构筑的异质且断裂的建筑景观，透露着一种迷人的气质，并暗含着一种较为强势的对抗力量和探索精神，使其在宣扬自身存在感的同时，也填充了人们好奇的视觉感知（图5-3）。

图5-3　佩罗自然科学博物馆异质的、断裂的建筑景观

疑问二

在复杂-非线性思维实现异质共生方面，该案例主要涉及了哪些策略？

对于本案而言，其在复杂——非线性思维实现异质共生的策略方面，主要涉及了本书第三章中所概括出的策略一"抬升的'地景'介入建筑"和策略四"开放空间构拟不可预见的复杂"两个方面。

在本案中，人们可以领略到两处富有德克萨斯州地域特性的生态景观：其一，是地域性的大型冠层树种森林；其二，是地域性的沙漠节水型园艺平台。节水型园艺平台从地面缓缓倾斜升起，绕过建筑主体，在与场地环境融为一体的同时，也与裙房一同形成了拓扑状的抬升的"地景"（图5-4）。抬升的"地景"上部包含了当地的岩石和抗旱的草坪，在呈现达拉斯地质特性的同时，也展现了自然中生命系统的历时演变。

随着抬升的"地景"对场地环境的介入，自由活泼、富有动态的裙房和平台，就像深海中的浮游生物一般，在延续城市生态景观、烘托主体建筑的同时，也削弱了生硬的建筑体量对场地环境的割裂和对人们心理的压迫，并在模糊的边界上获得了微妙的平衡。由此一来，本案与园区及其周边环境的关系，也不再是传统意义上的依附，而是通过形体对环境的渗透，逐渐转变成了自由绵延的有机系统中的部分（图5-5）。

事实上，在当下这个物欲横流、过度强调生产与消费的社会中，自然系统之间的相互依存关系正在变得薄弱，而作为汇聚与传

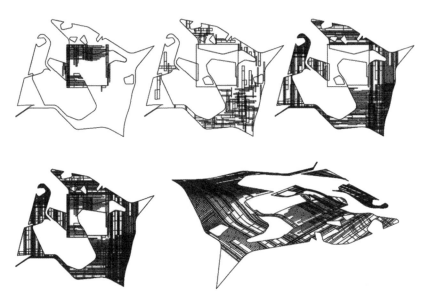

图5-4 佩罗自然科学博物馆拓扑状的裙房屋顶构成

图5-5 佩罗自然科学博物馆浮动的裙房和主体

播人类社会集体经验和先进文化的媒介，以及诠释复杂多变的世界的全新方式，佩罗自然科学博物馆的设计初衷便是扩大和加深人们对于自然系统复杂性的认知，而非展示暗淡的背景。

另外，从本案的轴向发展来看，对于开放空间构拟随处可见，而入口大厅的表现最为抢眼。进入本案的入口大厅，自由开放的大空间、起伏不定的金属网状吊顶和通透的玻璃界面，一同淡化了内外空间的差异，构拟着不可预见的复杂（图5-6）。与此同时，人们透过光线明亮的中庭空间，又可以隐约感受到一股神秘、多变和浮动的气息，将自然与人工有机串联在一起。而借助中庭中的楼梯、电梯和自动扶梯，人们既可以通达各层空间，也可以直抵屋顶的全景平台，在此俯瞰城市的景色，感知内部空间与外部世界之间的联系（图5-7）。

图5-6　佩罗自然科学博物馆开放的入口空间

图5-7 佩罗自然科学博物馆内部的交通空间

疑问三

在该案例中，共生的秩序如何被体现？

在本案的具体表现中，主要体现出了"地域性与全球化"和"局部与整体"两个方面的共生关系。

众所周知，当代先锋建筑不再局限于全球化与地域主义的单面强调，转而从全球化的视野出发，从地域文化中摄取养分来完成诠释，本案也不例外，它在践行策略一"抬升的'地景'介入建筑"的同时，也奠定了地域性与全球化共生的秩序。另外，本案在践行策略四"开放空间构拟不可预见的复杂"的同时，也在力求尝试通过材质、技术、场地与自然的整合，来同步实现异质性建构与场地环境的融合共生，并指向开放空间与不确定的行为和事件的叠加，使其趋向局部与整体的共生。这不但没有削弱自然科学理念的精彩呈现，而且还最大程度上丰富了城市中的人文空间结构，激发了参观者的好奇心和求知欲（图5-8）。

图5-8　佩罗自然科学博物馆所呈现出的自然科学理念

案例二：上海巨人网络总部办公楼

建筑师：墨菲西斯

地　　点：中国 上海

建成时间：2009年

　　上海巨人网络总部办公楼是汤姆·梅恩在中国的第一个项目，它在成功演绎着异质性建构的同时，也最大程度上实现了复杂的功能布置与场地环境的融合。对于它的整体性剖析与知觉体验，以下将遵循三大疑问依次展开。

疑问一

该案例在异质性的建构层面表现如何，其背后的相关语义如何理解？

本案同属汤姆·梅恩的作品，它不管是在异质性建构还是实现异质共生的策略方面，都与前一案例佩罗自然科学博物馆存在明显的共性。单就异质性建构而言，本案主要涵盖了本书在第二章中所总结的"思想""形态""空间"和"语言"等四个层面的内容。

从场地的南侧路口远远看过去，本案掩映在郁郁葱葱的绿树和草地中间的屋顶轮廓线若隐若现，显得沉稳而又低调，但是，这丝毫没有削减它的标识性，特别是东区向湖中伸展的、势如蛟龙出水般的巨大悬臂（图5-9）。由此可见，本案在形态的异质性建构方面非同一般，而随着体验的深入，这种感受也将会进一步增强，特别是它的钢框架、悬臂和混凝土钢结构，以及低矮的形制都被表现得

图5-9　巨人网络总部办公楼的出挑景观

十分特别，它们跳出了人们传统认知观念中的笛卡尔坐标体系，重构了欧几里得的几何秩序（图5-10）。

图5-10 巨人网络总部办公楼独特的形制

图5-10 巨人网络总部办公楼独特的形制（续）

　　由于东西园区都是封闭管理，所以，来到此处的人们只有沿路前行，直达本案主体被城市道路贯穿的部分。对于该处的处理，梅恩既没有采取完全割裂的手段，也没有让建筑的主体霸道地横跨在道路之上，而是选择了一种折中的方式，就是将人行天桥、裸露的钢框架结构以及竖向的饰面板材作为过渡性元素或局部性装置来串联整个园区。这个看似可以被轻描淡写的节点，却也成为了人们驻足观望裸露的异质性建构的特殊展示空间（图5-11）。

　　与强调裸露的异质性建构衔接空间的处理有所不同，东西区在功能空间的安排和异质性的建构等方面都比较饱满。其中，东区主要包括开放办公区、私人办公区和CEO办公区等三个主要功能

图5-11　巨人网络总部办公楼东西园区的连接体

空间，由这些功能空间所填充的建筑体量，结合透明的玻璃幕墙、斜切的屋顶、转折的墙面，以及墙面上的竖向纹理和错动的竖向条窗，共同奏响了一曲异质性建构的和弦，如果说它们是和弦的根音，那么，漂浮在湖面的上空犹如失去了重力作用一般的、三层高的出挑就是和弦中的最高声部（图5-12）。

作为东区的配套，西区主要提供酒吧、餐厅、多功能运动场、健身馆、游泳池和私人套房等功能空间，它们基本上都隐身于绿化屋顶之下，并在局部的不规则侧开窗和屋顶天窗的支持下，显得亲切宜人，且富有生命气息（图5-13）。

图5-12　巨人网络总部办公楼东区三层高的出挑

图5-13 巨人网络总部办公楼局部的不规则侧开窗和屋顶天窗

疑问二

在复杂-非线性思维实现异质共生方面，该案例主要涉及到了哪些策略？

对于本案而言，其在复杂-非线性思维实现异质共生的策略方面，主要涉及到了本书在第三章中所概括出的策略一"抬升的'地景'介入建筑"、策略二"消解的表皮关联浮动的边界"和策略四"开放空间构拟不可预见的复杂"等三个方面。

本案对于策略一的践行显而易见，它与场地之间形成了连续的整体，犹如连绵不断、层层叠叠的"青山"，自由起伏的建筑屋檐便是"青山"的轮廓线。而东西园区的主体与南北两侧的湖水之间或有台阶和栈桥，或有草坪和绿树，这也保证了建筑与水景最大程度上的亲近和融合（图5-14）。

伴随着抬升的"地景"对建筑的介入，本案由通透的玻璃和灰色的墙面所建构的表皮也陷入了自我消解的体系之中，化身为"青山"的轮廓线与水面之间的浮动边界，孕育着令人愉悦的亲切感和诗意的氛围，颠覆着粗野而又僵化的现代制式（图5-15）。

另外，本案多处开放空间的设置也增强了建筑的灵活性，成功地应对了日常行为中不可预见的复杂。而连续的走廊、穿插的楼梯作为功能空间的衔接，也生成了非均质的、多场景的构图，并在昏暗的灯光与天窗洒落的自然光的交替中，表现得极具戏剧性。坦率地讲，本案作为一个功能混合体，在设计的过程中，借助复杂-非线性思维和泛秩序法则成功地应对了各种变化（图5-16）。

图5-14　巨人网络总部办公楼连绵不断、层层叠叠的"青山"

图5-15　巨人网络总部办公楼浮动的边界

图5-16　巨人网络总部办公楼内部的连廊与开放空间

疑问三

在该案例中，共生的秩序如何被展现？

通过以上整体性剖析和知觉体验，我们可以发现，本案同佩罗自然科学博物馆一样，都是基于复杂-非线性思维实现异质共生的策略，而成功化解了地域性与全球化的对立，并使其趋于共生的秩序。与此同时，在本案中，无论是从"思想"到"空间"，还是从"形态"到"语言"，都是其动态秩序下的某些关联或法则的体现，是不存在等级关系的有机共生体。

概括而言，在本案中，基于创造一处具有时代气息和独特气质的建筑构想，梅恩通过重新划定建筑的界面，将建筑的体量消解在场地的环境之中；通过内部空间的开放，实现了功能空间合理布局，凸显着对人性的关怀；借助富有个性逻辑的异质性建构，让建筑呈现出梦幻般的场景；结合生态与可持续性的手段，使其成为了城市中构想共生秩序的经典案例。

案例三：香港理工大学赛马会创新楼

建筑师：扎哈·哈迪德
地　点：中国 香港
建成时间：2014年

作为香港理工大学设计学院与赛马会社会创新设计院的总部，极具先锋特性的香港理工大学赛马会创新楼是扎哈·哈迪德在香港建成的首个项目。对于它的整体性剖析与知觉体验，以下将遵循三大疑问依次展开。

疑问一

该案例在异质性的建构层面表现如何，其背后的相关语义如何理解？

通过与本书第二章所总结出的六个层面的异质性建构相比照，我们可以发现，本案在"思想""参照""形态""功能"和"空间"等方面都有着较为突出的表现。

本案坐落于香港理工大学校园东北角一处狭小而又不规则的基地上，与校园核心区联系紧密，它的出现激越了香港理工大学半个多世纪以来所形成的空间肌理，同时也为校园注入了通往未来的活力（图5-17）。

本案毗邻校园核心区、游泳池和城市主干道，狭小而又局促的场地条件给本案的设计带来了一定的限制，然而，它却在扎哈·哈迪德超理性思想的指引下，造就了最终出其不意的形体关系，区别于惯常的塔楼与裙房的结合方式，呈现出自由流畅的整体形态。它那随着地形转折、扭曲和斜切的建筑形态，犹如沙漠中生长的连体植物或大海上扬起的巨型船帆，显现出挺拔、孤傲与执着的性格，而这恰恰就是创新楼所追求的时代品质（图5-18）。

与此同时，层层叠叠、错落有致的横向线条，削弱了建筑体量的厚重感，并使其呈现出了动态的、流体般的四维连续态势，与繁忙的城市街道和操场中的运动节奏相契合。而透明玻璃又在横向线条的掩映下，开始变得含混和模糊，所有这些都是对建筑界面连续性和渗透性的双重强调，实现了形式逻辑、空间逻辑和结构逻辑的完美结合（图5-19）。

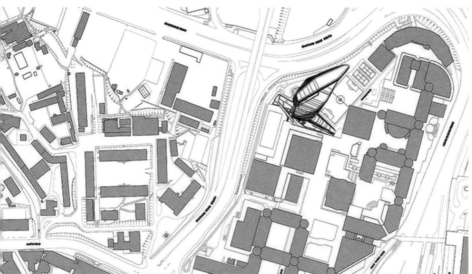

图5-17　香港理工大学赛马会创新楼与场地的关系

图5-18 香港理工大学赛马会创新楼所呈现出的连体植物或船帆形象

图5-19 香港理工大学赛马会创新楼层层叠叠、错落有致的横向线条

疑问二

在复杂-非线性思维实现异质共生方面，该案例主要涉及了哪些策略？

对于本案而言，其在复杂-非线性思维实现异质共生的策略方面，主要涉及了本书在第三章中所概括出的策略二"消解的表皮关联浮动的边界"和策略三"叠置的层次对接空间中的运动和事件"两个方面。

本案共计15层高，总建筑面积约为1.5万平方米，可以满足1800多名学生与教职工的学习和工作使用，其内部功能主要有设计室、实验室、工作室、展览空间、多功能教室、小剧场和中庭空间等。哈迪德对于这些功能空间的异质性建构，突出表现在两个方面：

其一，流动的曲线对动态空间的塑造。哈迪德抛却了人们熟知的水平与垂直的空间定向，颠覆了人们对于地面、墙体和天棚的传统理解，通过无处不在的自由线条勾勒出了连续和流动的空间情景。被自由婉转的曲线和曲面所包裹的空间，就像瞬间凝固的截屏，在倾泻的天光或流淌的灯光中，如梦似幻，充满着超现实主义色彩（图5-20）。

其二，消解了"层"的概念和以"层"的叠加来组织空间的方式。哈迪德通过强调开放与复杂的空间生成方式，让平面的流动关系在竖向得到延展，上下空间单元之间的连通和渗透变得频繁，建筑的不确定性、非均质性、开放性和多义性得到增强，进而更加灵活地应对不可预见的、日常复杂行为的发生（图5-21）。

图5-20　香港理工大学赛马会创新楼内部空间中的流动感

图5-21　香港理工大学赛马会创新楼内部空间中"层"的叠加

疑问三

在该案例中，共生的秩序如何被展现？

在本案的具体表现中，主要体现出了"地域性与全球化"和"透明与模糊"两个方面的共生趋向。

众所周知，在复杂而又开放的城市空间中，建筑与建筑、建筑与城市之间无时无刻不在进行着物质、能量与信息的流动和交换，所以，哈迪德对于本案的设计构想远远超出了地标的树立。她通过动态的、流体般的四维连续形态的生成，既构拟了香港的城市生活特性，也还原了现实世界中的混沌与复杂。正如哈迪德所言：

"建筑应该是一个准城市领域、一个可以潜入的世界，而不只是一个作为标志的物体，应该对其中的各种'方向流'和密度分布加以组织、引导，而不仅仅只基于一些关键性的节点"⊖。

另外，在本案中，与其开放、叠置的状态相契合的，是其饱含层次性、流动性和模糊性的空间关系，它让整个建筑都流露出了一种轻盈、飘渺和浮动的欲望，并在透明与模糊的共生中，呈现出一种气韵流动的景象。

⊖方振宇.扎哈·哈迪德：策动建筑流.时尚家居，2004（02）.

案例四：西雅图中央图书馆

建筑师：雷姆·库哈斯

地　点：美国 西雅图

建成时间：2004年

作为美国西雅图公共图书馆系统的旗舰店，西雅图中央图书馆是由雷姆·库哈斯主持设计的、极具时代气息的新型建筑。对于它的整体性剖析与知觉体验，以下将遵循三大疑问依次展开。

疑问一

该案例在异质性的建构层面表现如何，其背后的相关语义如何理解？

作为21世纪早期最具先锋精神的图书馆建筑，本案在异质性的建构方面，主要涵盖了书中第二章所总结的"思想""参照""形态""功能"和"空间"等五个层面的内容。

一直以来，图书馆建筑都是信息的仓库，它们储存着难以数计的信息和数据，同时还支持这些信息和数据的处理、传输和交互。然而，众多新兴媒体的出现和广泛传播致使图书馆的传统地位受到了威胁，作为积极的应对，图书馆不得不兼容多样性的媒体形式，并将媒体内容的管理一同纳入到图书馆的系统之中。

库哈斯也早已注意到这些变化，在他看来，媒体有一种令人难以置信的压力，使它总是处于变化之中，包括形式和内容等诸多方面。所以，库哈斯从"不确定性"的设计方法入手，基于对当代多元化语境下发展的一种预见，对建筑中"不确定性"理解的一种概括，结合对图书馆形制的深入思考，创作完成了本案。他将本案作为一种突破既定理论框架的思考，涵盖了社会、城市、文化、历史、科学和虚拟世界等可接触到的所有层面的内容，并从现实给定的条件中寻求突破，针对外部形态和空间布局制定了合宜的策略，完成了对传统图书馆从形态到功能的全面革新（图5-22）。

本案坐落于市中心第四大街和第五大街间一块带斜坡的基地上，基地的有限性，决定了图书馆的多层次竖向布置。与此同时，库哈斯又将图书馆建筑中的复杂功能与内部活动进行整合，形成了竖向错动的"5+4"的功能空间组合模式，即5个固定的功能层与4个可变的功能层。5个固定的功能层自上而下分别是管理办公、螺旋书库、公共集会、职员空间和停车场；而4个可变的功能层自下而上则依次是儿童阅览区、交流聚会区（检索、集会和咖啡厅）、混合交汇区（数字资源和查询）和阅览大厅（虚拟平台空间）。本案内部空间的灵活布置，在打破标准化的图书馆空间样式的同时，也承担起了更多社会文化传播的角色，是针对"功能"与"空间"的异质性建构（图5-23）。

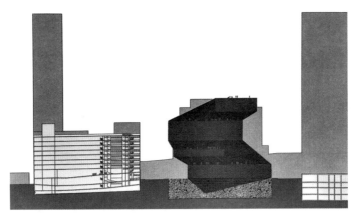

图5-22　西雅图中央图书馆独特的形态与外部空间的关系

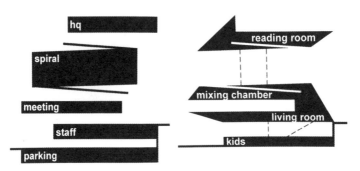

图5-23　西雅图中央图书馆"5+4"功能空间组合

疑问二

在复杂-非线性思维实现异质共生方面，该案例主要涉及了哪些策略？

本案在复杂-非线性思维实现异质共生的策略方面，主要涉及了本书在第三章中所概括出的策略二"消解的表皮关联浮动的边界"、策略三"叠置的层次对接空间中的运动和事件"、策略四"开放空间构拟不可预见的复杂"和策略五"媒介空间生成流动的'镜像体验'"等四个方面。

在本案中，依循功能空间的竖向错动，顺势而为的网格状表皮系统表现出了一种令人难以置信的魔性，就像一张粘连不断的膜或一层隐约可显的纱。与周边讲究制式和装饰的建筑相比，它是不加修饰的、简练的和纯粹的。白天，它让自身融入到城市环境之中，透过菱形玻璃的自然光线与层层叠叠的空间关系交相辉映，并随着时间的变化，在内部空间中生成了动态化影像，制造了一种令人亦真亦幻的意识错觉；到夜晚，它又化身为承载生命与光的容器，让生命的动态和温馨的场景作为寂静街区的装点，激越着城市的活力（图5-24）。

作为与魔性表皮等量齐观的异质性建构，本案全新的"5+4"功能空间组合模式，在对信息时代的图书馆做出界定的同时，也打破了传统图书馆作为书籍管理这一单一文化机构的属性，使其转变成为了契合时代需求，可以容纳所有新旧媒体共存与互动的新场所。全新的"5+4"功能空间组合模式所生成的叠置层次，也实现了建筑空间与媒介的真正结盟，让信息的交流变得没有限制（图5-25）。

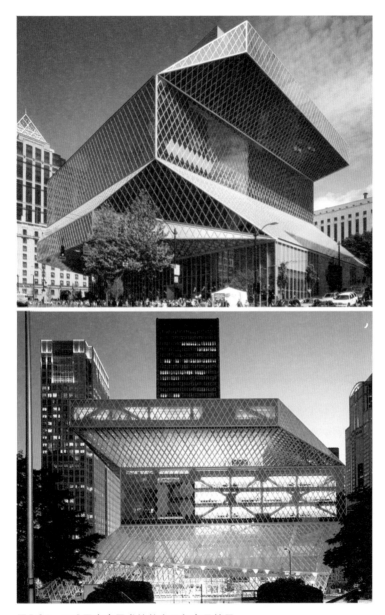

图5-24　西雅图中央图书馆的白天与夜景效果

图5-25　西雅图中央图书馆"5+4"功能空间组合模式所生成的叠置层次

220

另外，在本案中，不管是错动的退台、简练的支撑，还是魔性的表皮；不管是纯色的扶梯、多彩的铺地，还是零散的书架，都是开放与多变的空间系统的有机组成，为多场景构图和戏剧性的诞生提供了道具和背景，在接纳可预见与不可预见的事件和行为发生的同时，也还原了现实世界的复杂。正如库哈斯所解释的那样，这座建筑的巧妙之处就在于它始终如一的变幻本身，让之前那些因循守旧的制式都叠合成为了庞杂的不可预测。显然，在这一先锋建筑创作中，库哈斯对于"不确定性"概念所做出的尝试，即是现实世界中那些上升到精神层面的东西与虚拟空间中清晰的组织结构的深度融合，也是复杂-非线性思维实现异质共生的可行性操作（图5-26）。

图5-26　西雅图中央图书馆开放与多变的空间系统

图5-26　西雅图中央图书馆开放与多变的空间系统（续）

疑问三

在该案例中，共生的秩序如何被展现？

通过以上的分析，我们不难看出，在本案的具体表现中，主要体现出了"透明与模糊"和"真实与虚拟"两个方面的共生趋向，而与此共生趋向相契合的要素当属魔性的表皮和"5+4"功能空间组合模式。他们的结合消解了对立和对抗，促成了空间的开放与环境的融合，拓展了人性化的空间秩序，并在透明与模糊、真实与虚拟的临界状态中，悄然生成了一种全新的知觉体验，共同托起了人类精神诉求的全部。

案例五：釜山电影中心

建筑师：蓝天组

地　点：韩国 釜山

建成时间：2012年

　　由蓝天组设计的釜山电影中心，为釜山国际电影节的举办提供了一处集文化、媒体、娱乐和科技于一体的开放式场所，成为了城市空间中一个充满生气与活力的文化新地标。对于它的整体性剖析与知觉体验，以下将遵循三大疑问依次展开。

疑问一

该案例在异质性的建构层面表现如何，其背后的相关语义如何理解？

概括而言，本案在异质性的建构方面，主要涵盖了本书在第二章中所总结的"思想""参照""形态""空间"和"语言"等五个层面的内容。

本书在第二章第一节中就曾提及过，蓝天组在创作过程中，将激进的态度和超理性的思想贯彻得较为彻底，并以此来达到"还原和构拟现实世界的复杂"的目的，这与盖里"放大现实世界的不完美"的初衷有相通之处，却又有所区别。

作为蓝天组"理性超越与去总体性"思想下的先锋产物，釜山电影中心主要是由都市广场、红地毯区、星光大道和釜山国际电影节运河公园等四个联合的区域所组成的城市综合广场。这些区域分别是由功能各异、形象醒目的建筑物构成，主要包括电影院山、都市广场、双圆锥体和PIFF山等，它们在大屋顶和地面之间，就像失去了明确的参照而被放逐的几何体，却又在一个看似随意的布局中建立起了动态的平衡关系。而其具体的功能则涵盖了剧院、室外电影院、室内电影院、会议室、办公用房、创作室和餐饮空间等，这些功能空间的布局较为灵活，最大程度上满足平时与电影节期间的多重需要（图5-27）。

在本案中，漂浮的大屋顶给人一种似曾相识的感觉，相近的设计手法在蓝天组设计的德国宝马汽车公司客户接待中心中也曾使用过，只是在这里，借助"变异与反逻辑"的异质性建构，硕大的屋顶被处理得更加夸张，使其在作为城市综合广场联结体的同时，也成为了场地环境中最绚丽的人工景观（图5-28）。

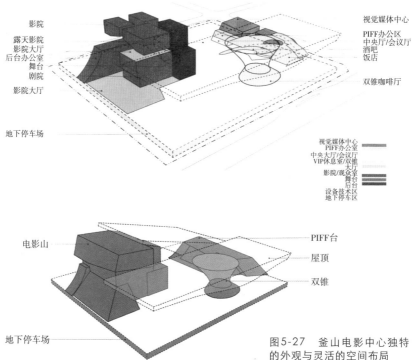

图5-27　釜山电影中心独特的外观与灵活的空间布局

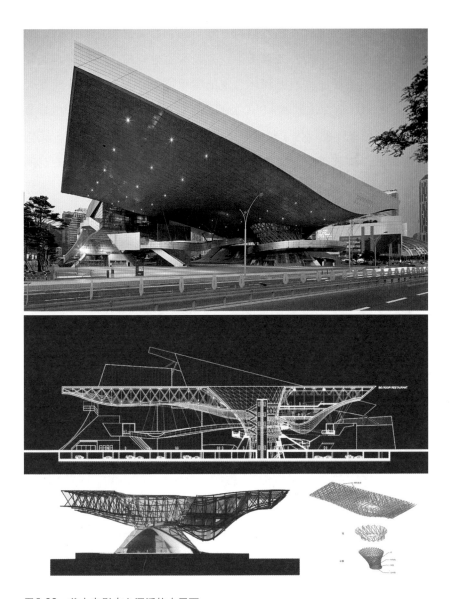

图5-28　釜山电影中心漂浮的大屋顶

226

　　大屋顶下部的双圆锥体，是电影院山与PIFF山之间的连接部分，一系列放射状混凝土鳍状墙上，对接着倒锥体的金属网状结构，它可以被视为巨大悬臂结构下唯一的垂直支撑物。在平时，双圆锥的地面层是一间公共咖啡馆，并设有室外座椅，上层则是通往一个包含顶级餐厅、酒吧和休息室的屋顶空间，人们可以在此聚会畅谈，也可以惬意地欣赏APEC公园和远处的河流景色。而在电影节期间，双圆锥体就成为了红地毯区和釜山电影中心的VIP入口，旋转坡道和悬浮桥就成了连接电影院山和PIFF山的纽带，其周围的空间也被作为临时活动的组织场所。显然，双圆锥体及其周围的空间显现出了"多义与不确定性"特征（图5-29）。

图5-29　釜山电影中心双圆锥体及其周围的空间

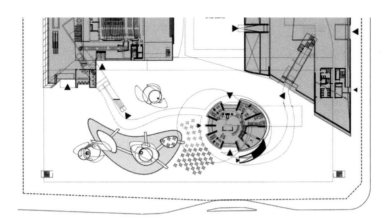

图5-29　釜山电影中心双圆锥体及其周围的空间（续）

疑问二

在复杂-非线性思维实现异质共生方面，该案例主要涉及了哪些策略？

本案在复杂-非线性思维实现异质共生的策略方面，主要涉及了本书第三章所概括出的策略四"开放空间构拟不可预见的复杂"和策略五"媒介空间生成流动的'镜像体验'"两个方面。

在本案中，向两侧伸展的大屋顶借助悬臂结构，形成了一个无柱支撑的整体形象，犹如漂浮在天空中的云彩，失去了重量感，并填充了人们头脑中可想象的空间。而布满LED灯的波动起伏的大屋顶下部表面，构成了釜山电影中心一个鲜明的个性特征，特别是在盛大的节日夜晚，流光溢彩、变换无穷的灯光效果，充盈着整个城市综合广场，结合地面上矩阵布置的地灯，营造出了一个多姿多彩、如梦似幻的动人场景（图5-30）。

图5-30 釜山电影中心大屋顶所营造出的动人场景

在大屋顶的映衬下，整个入口空间都显得动感十足，围绕着双圆锥体，穿插和扭转的体块，在纤细的金属拉索的牵引下，搅动了整个大屋顶下部的开放空间。与此同时，大屋顶下部的开放空间又包纳了诸多复杂行为动线的相互串联，各种形体也在这里实现了自由转换。显然，所有这些极具想象力的表现，都是蓝天组借助复杂多变的外部形态来构拟和还原复杂现实世界的具体操作（图5-31）。

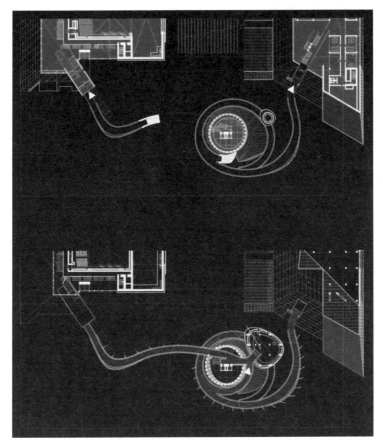

图5-31 釜山电影中心大屋顶下部的开放空间中的复杂动线

230

图5-31　釜山电影中心大屋顶下部的开放空间中的复杂动线（续）

疑问三

在该案例中，共生的秩序如何被展现？

在本案中，漂浮的屋顶与其覆盖的开放空间既是散落的功能空间的有效串联，又是制造气氛和生成"镜像体验"的媒介空间。在这里，"主客二分"的等级关系被剔除，"局部与整体"有机共生的秩序被凸显，与此同时，"真实与虚幻"的界线也在变得模糊，以至于虚幻偶尔也会化为真实的部分，融入到人们的身体和意识。

另外，电影节运河公园与漂浮的大屋顶及大屋顶包纳的开放空间形成了对应，它作为公共活动的开放式网络的扩展，与规划好的河边公园连为一体，是釜山电影中心这一城市综合广场未来扩展的方向，并为本案最终实现文化功能与周围公共空间及自然环境的有机融合，预留了弹性空间。

案例六：斯图加特新保时捷博物馆

建筑师：德鲁根·梅斯尔

地　点：德国 斯图加特

建成时间：2009年

　　位于保时捷公司总部所在地——斯图加特祖文豪森的新保时捷博物馆，以其超凡脱俗的外观形态和梦幻般的室内空间，成为当代建筑中极富个性的先锋之作。对于它的整体性剖析与知觉体验，以下将遵循三大疑问依次展开。

疑问一

该案例在异质性的建构层面表现如何，其背后的相关语义如何理解？

众所周知，本案主要是基于老保时捷博物馆无法承载这个品牌愈加辉煌的荣耀而诞生，以至于它在建造之前便备受业界关注。我们暂且不考虑保时捷自身品牌的影响，单从其超凡脱俗和冷峻飘逸的外观形态，以及从外到内所透露出的那种可"远观近看"而不可"亵玩"的气质来看，本案就是超理性"思想"观念下的产物。而随着整体性剖析的深入，我们可以发现，本案在异质性的建构方面，还主要包括了本书第二章所总结出的"参照""形态"和"空间"等三个层面的内容。

对于仅仅由三处混凝土核心筒作为支撑的漂浮形态而言，很难再找出传统认知观念中那种形而上学的中心性，它的存在逐渐转变为一种能够产生相互作用的场景或关系。本案主体周身被白色铝制板材所覆盖，主体的下表面则选用了高度抛光的不锈钢材质，这种强反射性的材质能够清晰地反照下部空间中的场景和活动，从视觉上扩充了广场、基座与主体之间的空间领域，并营造出了一处极具戏剧性的入口空间效果（图5-32）。而位于至高处的垂直玻璃幕墙，与主体简练的铝制表皮形成了强烈的对照，在通体白色的烘托下，化身为一种多变的诱惑，并在不同的天气和时段下，呈现出截然不同的情绪（图5-33）。

图5-32 斯图加特新保时捷博物馆极具戏剧性的入口空间效果

图5-33 斯图加特新保时捷博物馆白色墙面与通透玻璃的对比

　　经由入口门厅和展区通道，人们便到达了"保时捷世界"的起点，而这也是全方位媒介空间体验的开始。在这个5000多平方米的展示空间中，主要由"1948年前展区"和"1948年后展区"两部分组成，内设综合性的主题岛，用来讲述汽车发展与竞技汽车之间的关系。其中，80余款被陈列的保时捷车型，以及200多件与公司历史息息相关且被精心布置的展品，成为了媒介物，对接着场景化的空间和人们的情感体验，并与中心的消解与界定的模糊同步。与此同时，展示空间中的静止区和加速区作为两处相互影响和作用的区域，也进一步强化了人们对于空间的感知。而以上所有这些针对空间的操作也都契合了建筑师罗曼·德鲁根（Roman Delugan）的设计初衷，

　　"建筑不应该仅仅被当作一栋房子，它应该对人的精神和躯体产生影响。这座博物馆应该使每个人都能真切地感受保时捷的世界。"（图5-34）

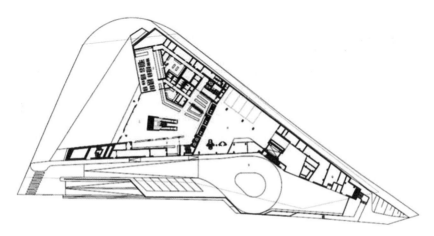

图5-34　斯图加特新保时捷博物馆平面形式与内部展示空间

236

图5-34 斯图加特新保时捷博物馆平面形式与内部展示空间（续）

疑问二

在复杂-非线性思维实现异质共生方面，该案例主要涉及到了哪些策略？

作为当代建筑先锋之作，本案在复杂-非线性思维实现异质共生的策略方面，主要涉及了本书第三章所概括出的策略四"开放空间构拟不可预见的复杂"和策略五"媒介空间生成流动的'镜像体验'"两个方面。

在本案中，开放空间的概念被诠释得淋漓尽致。首先，它放弃了传统展示空间循规蹈矩的等级分类的原则；其次，它也放弃了单一的、线性的参观路径的原则，从而最大程度地实现了空间组织以大众为中心，传达一种开放性和亲切感的想法，而这也与本书在第三章第四节对开放空间具体操作的总结相吻合。整个展示空间在分隔界面、功能空间和交通组织等三个层面趋于无限开放的过程，既是对复杂与多样的空间、运动和事件的适应，也将人们的空间认知和审美带到了一个全新的层面（图5-35）。

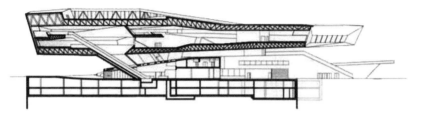

图5-35　斯图加特新保时捷博物馆剖面关系与内部开放空间

238

图5-35 斯图加特新保时捷博物馆剖面关系与内部开放空间（续）

　　另外，在本案中，不管是入口外空间、门厅内空间、扶梯凹槽空间，还是上层展示空间，都化身为以白色为基调的媒介空间的一部分，催生着一种介于真实与虚拟之间的存在，一种跨越历史与未来之上的体验，在人们的意识中上演着一幕幕流动的"镜像体验"。特别是出入口区域所采用的非卡特尔化的设计理念，更是增强了建筑整体的悬念感，并在视觉与功能方面为流动空间提供了参照和指示。在这里，虽然不能上演真实版的速度与激情，但是，由此媒介空间所生成的异质的、流动的"镜像体验"，还是让人流连忘返（图5-36）。

图5-36　斯图加特新保时捷博物馆交通空间

图5-36　斯图加特新保时捷博物馆交通空间（续）

疑问三

在该案例中，共生的秩序如何被展现？

通过以上的整体性剖析和知觉体验，我们不难看出，本案在
"地域性与全球化"和"真实与虚拟"两个方面都表现出了积极的
共生趋向。

在现代理性的发源地，本案借助异质性建构所呈现出的超理性
构想，赋予了地域文化以批判和创新精神，表现得极具挑战性和煽

动性；而其又借助复杂-非线性思维实现异质共生的策略，以一种超越的姿态，化解着地域性与全球化的对立和矛盾，使其趋向了共生的秩序。

而在"真实与虚幻"方面，本案更是达到一种无以复加的程度，相对于真实开阔的场地环境，通体白色悬浮的建筑是梦幻的；相对于真实的入口广场，由高度抛光的不锈钢材质反射的场景是流动的；相对于真实的落位展品，空间行为的路径是不确定的；相对于真实的空间建构，可知觉体验的氛围是令人沉醉的（图5-37）。

图5-37　斯图加特新保时捷博物馆外观局部

案例七：中国美院民艺博物馆

建筑师：隈研吾

地　　点：中国 杭州

建成时间：2015年

中国美院民艺博物馆，坐落于杭州中国美院象山校区，是迄今为止，隈研吾在亚洲设计的最大体量的单体建筑，秉持了"让建筑消失"的先锋理念。对于它的整体性剖析与知觉体验，以下将遵循三大疑问依次展开。

疑问一

该案例在异质性的建构层面表现如何，其背后的相关语义如何理解？

对照本书在第二章中所总结出的有关异质性建构的六个层面，我们可以发现，无论是"思想""参照"和"形态"，还是"功能""空间"和"语言"，都没有被过分强调，但是，在其看似轻描淡写的异质性建构中，当代的泛先锋性特征依然得到了淋漓尽致的诠释。

与现代主义强调"理性"，后现代主义强调"隐喻"，解构主义强调"否定"与"解构"的原则不同，本案所秉承的"让建筑消失"的设计观念，本身就是一种超理性思想的"反思"与"重构"，基于复杂-非线性思维、信息技术和共生思想，趋向于系统化的"生成"与"整合"。有关于此，早在隈研吾创作完成的"长城脚下的公社——竹屋"中就有所体现，只是在本案中，砖瓦替代了竹子（图5-38）。

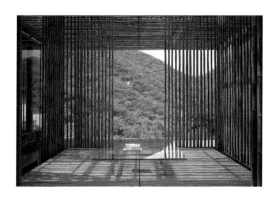

图5-38 长城脚下的公社——竹屋

从山坡下方仰望本案，只见山坡上掩映在绿植中的轮廓线若隐若现，就像一处聚居的村落，只是难见以往的袅袅炊烟；而从本案最高处的平台向下俯视，又会看到菱状交织、层层跌落地匍匐在山坡之上的青瓦屋顶，藏身于自然的青山绿水间，颇具一派闲适独居的韵味。显然，瓦片作为本案中最重要的材质，在满足了屋顶的功能需要之外，也被作为一种立面装饰，镶嵌在交织的铁丝网之间，营造出了一种从屋顶到立面浑然一体的效果。除了瓦片，同样暗含着历史气息和印记的青砖也在本案中找到了安置之所，它们不管是被作为室外铺地，还是边角砌筑，都将成为本案的守望者和见证者（图5-39）。

本案总建筑面积5000余平方米，主要的功能空间包括了1700平方米的展览展示空间、200人的大报告厅，以及大小会议室和放映厅等。在这些功能空间中，并不存在控制或约束性节点，它们伴随着本案系统化"生成"与"整合"的过程，以及"中心的消解与界定的模糊"的操作，而呈现出一种整体开放的态势。在本案中，空间的竖向划分不再像传统空间那般明确，惯常的台阶联系也被坡道所取代，使得空间在水平和竖向两个方向都表现出了多样性"存在的向度"，这与朴素和淡雅的室内环境所营造出的空间氛围完全不同，透露出一种难以掩饰的层次和深度。与此同时，在本案中，7个展览展示空间也没有做出特别明确的界定，它显然是在追求一种无限放大的状态和预设之外的可能，以至于人们很容易将其与交通空间混为一谈（图5-40）。

图5-39 中国美院民艺博物馆层层叠置的屋顶形态

图5-39 中国美院民艺博物馆层层叠置的屋顶形态（续）

图5-40　中国美院民艺博物馆多义与不确定性的功能空间

疑问二

在复杂-非线性思维实现异质共生方面，该案例主要涉及到了哪些策略？

对于隈研吾而言，对于边界的强调远胜于建筑的形态和功能，他认为只有这种针对边界的粒子化建构才能与环境实现交融，才能"让建筑消失"。所以，本案在复杂-非线性思维实现异质共生的策略方面，主要突出了本书在第三章中所概括出的策略二"消解的表皮关联浮动的边界"，其次才是策略四"开放空间构拟不可预见的复杂"。

本书在第三章有关策略二的论述中指出，轻质的表皮、通透的幕墙、灵活的窗洞、飘逸的屋顶和造化的光影都是生成浮动边界的具体操作。显然，这些具体操作在本案中都得到了充分的体现，特别是轻质的表皮和造化的光影。在本案中，被交织的不锈钢铁丝夹着，并一同装点了立面的瓦片，犹如悬浮在空中一般，在一点透视的构图中，表现得极具视觉冲击力。实际上，这一操作正是隈研吾追求表皮粒子化倾向的一种具体表现，他让表皮在自我消解中，转变成为了或密或疏、或实或虚的浮动边界。而随着自然光线的变换，透过这层浮动的边界洒向室内的斑驳光影，又让室内空间总是充斥着灵动的魅惑（图5-41）。

在本案的内部空间中，针对功能空间、分隔界面和交通组织等三个层面的开放操作无一遗漏。首先，功能空间的划分采取高差递变等弱化的手段；其次，分隔界面的材料选用通透的金属网或轻质的木材；最后，交通组织的方式则以斜坡取代台阶，削弱了交通

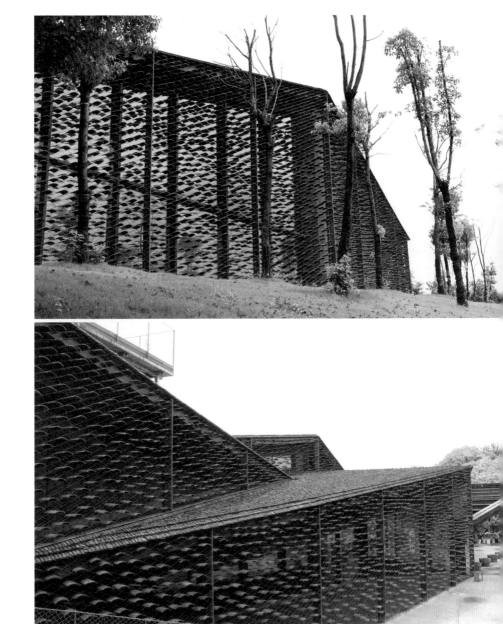

图5-41 中国美院民艺博物馆表皮的粒子化建构

空间的边缘性处境。这三个层面的开放操作共同孕育了含混与多义的空间，还原了空间行为的多样性，构拟了不可预见的复杂（图5-42）。

图5-42 中国美院民艺博物馆内部开放空间

疑问三

在该案例中，共生的秩序如何被展现？

隈研吾在本案中所践行的"让建筑消失"的设计理念，是一种人工与自然相混杂的全新美学语境，它孕育了自由流淌的诗意，并展现出强烈的共生愿望。具体而言，本案主要体现出了"地域性与全球化"和"透明与模糊"两个方面的共生趋向。

在本案中，不管是其低矮的建筑形制，还是其饱受岁月洗礼的砖瓦材料，都是对地域性文化的一种积极响应，但是，它同时又是契合时代气息的和当代先锋美学的产物，饱含着批判与创新的先锋精神。另外，本案隐没于坡地之上，消解的表皮和竖向叠置的空间也为多场景构图提供了条件，并在人们的视觉上呈现出开放、叠加和交织的空间成像，让透明与模糊几乎可以同时在场（图5-43）。

图5-43 中国美院民艺博物馆中透明与模糊的共生秩序

案例八：台中大都会歌剧院

建筑师：伊东丰雄

地　　点：中国 台湾

建成时间：2014年

　　坐落于台中市七期重划区的新市政中心专用区"公三"公园用地内的台中大都会歌剧院是台湾地区国际级的艺术表演场所，也是伊东丰雄的先锋之作。对于它的整体性剖析与知觉体验，以下将遵循三大疑问依次展开。

疑问一

该案例在异质性的建构层面表现如何，其背后的相关语义如何理解？

伊东丰雄是一位温文尔雅的建筑师，他虽然拥有超前的思想和意识，却并没有像梅恩、哈迪德、库哈斯和蓝天组等表现得那么激进，而是以更加沉稳的方式，诠释着他对后现代语境下、矛盾丛生的城市空间的思考（图5-44）。

图5-44　台中大都会歌剧院与城市空间的关系

图5-44　台中大都会歌剧院与城市空间的关系（续）

在本案中，伊东丰雄的出发点直接跨越了异质性建构本身，而直奔异质共生的主题，然而，在其借助复杂-非线性思维实现异质共生的过程中，异质性的存在还是得到了放大。所以，在这里，我们不必刻意去分离本案中的异质性建构及其相关语义。

疑问二

在复杂-非线性思维实现异质共生方面，该案例主要涉及到了哪些策略？

概括而言，本案在复杂-非线性思维实现异质共生的策略方面，主要涉及了本书在第三章中所概括出的策略二"消解的表皮关联浮动的边界"、策略五"媒介空间生成流动的'镜像体验'"和策略六"仿生自然扩展有机增殖的适应性"三个方面。

在本案中，伊东丰雄希望以街道和广场等城市户外公共空间的延伸作为提案，从混乱而又充满活力的台湾地区的城市街道中，汲取当地人所喜闻乐见的廊道特质，发展出开放的、有机的和人性的公共空间，呈现为立体的、网络状和连续的状态。该建筑地上6层，地下2层，主要的功能包括了2009席的大型剧院、800席的中型剧院、200席的实验性剧场、艺术工作坊、艺展空间、精品艺术商场和屋顶花园等，这些功能空间之间都由优雅的立体曲面空间相串联（图5-45）。

出于对公园这种优质基地环境的考虑，伊东丰雄同时希望将本案纳入到城市的公园系统之中，使其在自然的环境中获得延展，并在延展的过程中与都市文化发生直接碰撞，而随着物质、能量和信

图5-45　台中大都会歌剧院内部优雅的立体曲面空间

息的流动与交换的加深，逐渐转变成为一种融合。不管是碰撞还是融合，它们首先都是发生在空间界面上的作用，而对于本案而言，空间界面则演变成为了"壳状连续体"或类有机器官的剖切面，是对曲面连续体的直观表达，结合穿孔铝板和透明玻璃的使用，塑造了一种有机而又前卫的界面情景，让整个建筑显得轻盈而又富有穿透感，并带来了一种介于内外之间的模糊性存在（图5-46）。

　　与模糊界面相对应的是中心的消解，在本案中，其内部空

260

图5-46 台中大都会歌剧院透明与模糊的空间界面

间是一个由均质的格子系统（grid system）转化而成的三维曲面
"壳状连续体"系统，伊东丰雄称之为"衍生式格子"（emerging
grid）。通过该系统的引入，伊东丰雄创造了一个仿生自然的有机空
间，在这一空间里，音乐和舞蹈与人性交汇所产生的戏剧性此起彼
伏。正如伊东丰雄所言：

> "台中大都会歌剧院与其说是建筑，不如说是集柔软和神秘于
> 一身的生物活动状态。"⊖

这种"生物活动状态"超越了几何学模式，瓦解了单纯而又
规则的传统空间，消解了人们所熟知的地面、墙面和屋面的朴素概
念，转而演变成为了真正复杂的有机系统（图5-47）。

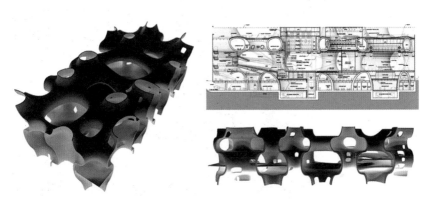

图5-47 台中大都会歌剧院三维曲面"壳状连续体"系统

⊖ 谢宗哲.建筑家伊东丰雄：永远热情、前卫的"冒险家".北京：中国青年出版社.
　2012：36.

另外，伊东丰雄又以"声音的涵洞"来形容本案的设计构想，他希望本案既是表演艺术的场所，同时也是空间的艺术场所，在此场所中，意念随着光影、音响的交织能够自由地流动。他坚信"声音的涵洞"会是一种新形态的地标、一个会呼吸的组织，一个结合"机构"与"都市""艺术"与"生活""内"与"外"的网络，一个新时代的几何构造物（图5-48）。

图5-48 台中大都会歌剧院"有机"的内部空间

疑问三

在该案例中，共生的秩序如何被展现？

显而易见，本案是一次背对机械美学的思考，是当代先锋美学观念回归自然的一种尝试，开启了一场空间开放的冒险。其实，对于伊东丰雄而言，这种冒险一刻都不曾停止，从早期不定性的"风"，到后来"管状的支撑结构"，再到有机形变的"衍生式格子"，都反映出了他对建筑中有机增殖和生命演变的深入思考，对自然环境的自在适应，以及对共生秩序的不懈追求（图5-49）。

图5-49　不定性的"风"、"管状的支撑结构"与"衍生式格子"

结
　语

对当代先锋建筑的批判性思考

　　本书主要从梳理先锋派的源流和美学范式开始，以当代先锋建筑和建筑师为研究对象，对其创作中的异质性建构、实现共生的策略和对共生场景的构想等内容展开剖析和论述，力求通过层层剥离的方式，最人程度上还原极具时代精神的当代先锋建筑师的思想及其具体操作。然而，这并非易事，主要原因有两个：

　　其一，是研究对象的时代背景所蕴含的爆炸性信息令人恐惧，而其自身的复杂性也很容易遮蔽我们的双眼。就像矶崎新曾说的：

"与执着地、坚定地信奉现代主义的那些年代相比较，近20年来的建筑设计理念尚未得到归纳整理，而是处于一种分崩离析的状态。"⊖

其二，是我们依然身处这样一个多变与复杂的时代之中，基于经验和假设所进行的研究存在很大的局限性，它易于蒙蔽我们的心性，使我们一时难以形成全面的认知。

然而，当代先锋建筑创作终究代表了当今世界的最新动向，它所表现出的超前性、探索与批判精神都在散发着迷人的光芒，不容回避。矶崎新的看法也只是针对当代先锋早期阶段（即20世纪末年至21世纪伊始）那些多变与复杂性的建筑思想所做出的简要概括。现在距离这样的认识，又过去了10余年，加速运转与更新的时代让当代先锋建筑思想在不遗余力地打破旧有范式，显现着动态与持续的批判性同时，也逐渐跨过了早期懵懂的交叉路口，开始显露出一些稳定的方向。譬如将建筑及其所处的环境作为一个动态化的整体系统，关注生态与可持续性，强调先锋性特征与场地、环境、文化、文脉及自然的有机融合等。

当代先锋建筑思想过于庞杂，并非本书所能穷尽。但是，本书通过系统的阐述，也间接揭示了人们对当代先锋建筑思想与创作中所易于产生的误解。

其一，当代先锋建筑思想和创作，并非必然与数字化发生关系，却与异质性建构、复杂-非线性思维紧密相关，如果说异质性建

⊖ 渊上正幸.世界建筑师的思想和作品.覃力，黄衍顺，徐慧，吴再兴，译.北京：北京建筑工业出版社.2000：4.

构是实现当代建筑批判与创新的基本途径，那么，复杂-非线性思维就是挖掘当代建筑先锋之策的根本保证。

其二，拓扑、分形和褶皱等描述性语言，并非当代先锋建筑异质性建构的出发点，而只是建构的一些具体表现。

其三，当代先锋建筑思想颠覆传统美学观念，倡导审美观念的泛化和异化，并非是不受约束的自由放任，它终要服从于个性化与人性化的结合。

其四，当代先锋建筑思想批判理性，摈弃统一的秩序法则，并非是要与秩序划清界限，而只是要释放更多的创造性和探索精神。由潜在的线索所对应的动态秩序，在当代先锋建筑思想和创作中依然具有统治性。

异质共生思想的适应性

四十余年前，黑川纪章面对多元化的世界，基于对自己追求技术永恒性和普遍性信仰的修正，提出了共生思想，这一思想在当时体现出了一种超前的预见性，也引起一定程度上的反思和讨论。但是，在人类社会迈入21世纪以后，随着复杂性科学与哲学的全面渗透，各个领域对于共生的强调比任何时期都表现得更为迫切，因为

"包括整个世界各个领域在内的整体结构性的'雪崩'式的大转变到来了"⊖。

⊖ 黑川纪章.新共生思想.覃力，杨熹微，慕春暖，吕飞，徐苏宁，申锦姬，译.北京：中国建筑工业出版社.2009.

　　具体到建筑领域，异质性的建构成为当代先锋建筑师迎接大转变的到来，契合多元化语境，以及突显个性化的必要手段，但是，异质共生才是当代先锋建筑自我实现的最终目标。如果说异质性的建构打破了现代理性，那么共生思想则彻底颠覆了机械秩序，表现为一种整体性的把握，一种开放性和包容性的观念。也就是说，当代先锋建筑不仅仅包括超理性的思想、模糊的参照、变异的形态、不确定性的功能、戏剧性的空间和非连续的语言，相比于大多数建筑，它更加强调与场地、环境、文化、文脉和自然的融合，更值得深度阅读。在很多人眼里，弗兰克·盖里是一个破坏者，他的建筑总是在扰乱空间的秩序，让人深感不安。同样是古根海姆博物馆，赖特设计的纽约馆以其朴素的形态和三度螺旋空间从开业伊始便备受追捧，而盖里设计毕尔巴鄂馆却在方案之初就备受争议，甚至有人将其视为令人眼花缭乱、毫无章法的堆砌。然而，对于20世纪中期以后便处于颓势和衰落的传统工业城市毕尔巴鄂而言，古根海姆博物馆的出现改变了传统的空间格局，却并没有扰乱空间的秩序，反而为这个城市注入了前所未有的活力。这个带有盖里个人标签性的建筑，并没有失去对场地、环境和文化的尊重，站在河的对岸，远远望去，它就是一朵真正盛开的奇葩。

　　其实，异质共生是由现代科学和后现代文化所共同支配的世界观，它源于多样性与复杂性的增加，并以复杂现实的认知为基础。对于强调异质共生的当代先锋建筑而言，它已经化身一个动态整体系统，同其他领域保持着输入和输出的对等关系，发生持续的物质与能量的交换与渗透，在实现系统自我更新的同时，也增强了系统对外部环境的自在适应。

图
片
来
源

图3，图3-3：姚伟拍摄

图1-2，图3-8：效洁拍摄

图1-7：李煦拍摄

图1-11，图5-24：孙成仁拍摄

图1-18，图3-13，图4-4，图5-32，图5-33，图5-34，图5-35，图5-36，图5-37：王尚昆拍摄

图3-17，图5-9，图5-10，图5-11，图5-12，图5-13，图5-14，图5-15，图5-16，图5-39，图5-40，图5-41，图5-42，图5-43：徐守珩拍摄

图2-15：徐港拍摄

图2-10，图2-12，图4-5：张婷拍摄

图2-14：王欣拍摄

图3-7，图3-20：赵荣拍摄

图4-6：王倩拍摄

图5-2，图5-3，图5-5，图5-6，图5-7，图5-8：张博雅拍摄

图5-17，图5-18，图5-19，图5-20，图5-21：李海英拍摄

图5-44，图5-45，图5-46，图5-48：高娅娟拍摄

参考文献

[1] 罗伯特·文丘里. 建筑的复杂性与矛盾性 [M]. 周卜颐，译. 北京：中国水利水电出版社，知识产权出版社，2006.

[2] 黑川纪章. 新共生思想 [M]. 覃力，杨熹微，慕春暖，吕飞，徐苏宁，申锦姬，译. 北京：中国建筑工业出版社，2009.

[3] 弗兰克斯·彭茨，格雷格里·雷迪克，罗伯特·豪厄尔. 空间 [M]. 马光亭，章邵增，译. 北京：华夏出版社，2011.

[4] 易小明. 社会差异研究 [M]. 长沙：湖南人民出版社，1999.

[5] 查尔斯·詹克斯. 现代主义的临界点：后现代主义向何处去？[M]. 丁宁，许春阳，章华，夏娃，孙莹水，译. 北京：北京大学出版社，2011.

[6] 理查德·墨菲. 先锋派散论——现代主义、表现主义和后现代性问题 [M]. 朱进东，译. 南京：南京大学出版社，2007.

[7] 王耕. 复杂性生态哲学 [M]. 北京：社会科学文献出版社，2008.

[8] 安德里娅·格莱尼哲，格奥尔格·瓦赫里奥提斯. 复杂性：设计战略和世界观 [M]. 孙晓晖，宋昆，译. 武汉：华中科技大学出版社，2011.

[9] 简·雅各布斯. 美国大城市的死与生 [M]. 金衡山，译. 南京：译林出版社，2006.

[10] 道格拉斯·凯尔纳，斯蒂文·贝斯特. 后现代理论：批判性的质疑 [M]. 张志斌，译. 北京：中央编译出版社，2011.

[11] 鲁斯·派塔森，格雷斯·翁艳. 普利兹克建筑奖获奖建筑师的设计心得

自述 [M]. 王晨晖，译. 沈阳：辽宁科学技术出版社，2012.

[12] 普里戈金，斯唐热. 从混沌到有序：人与自然的新对话 [M]. 曾庆宏，沈小峰，译. 上海：上海译文出版社，2005.

[13] 伊格拉西·德索拉-莫拉莱斯. 差异——当代建筑的地志 [M]. 施植明，译. 北京：中国水利水电出版社，知识产权出版社，2007.

[14] 扎奥丁·萨德尔，艾沃纳·艾布拉姆斯. 视读混沌学 [M]. 孙文龙，译. 合肥：安徽文艺出版社，2009.

[15] 沈克宁. 建筑类型学与城市形态学 [M]. 北京：中国建筑工业出版社，2010.

[16] 《大师》编辑部. 蓝天组 [M]. 武汉：华中科技大学出版社，2007.

[17] 谢宗哲. 建筑家伊东丰雄：永远热情、前卫的"冒险家"[M]. 北京：中国青年出版社，2012.

[18] 薛恩伦，李道增. 后现代主义建筑20讲 [M]. 上海：上海社会科学院出版社，2005.

[19] 渊上正幸. 世界建筑师的思想和作品 [M]. 覃力，黄衍顺，徐慧，吴再兴，译. 北京：北京建筑工业出版社，2000.

[20] 李建军. 从先锋派到先锋文化：美学批判语境中的当代西方先锋主义建筑 [M]. 南京：东南大学出版社，2010.

[21] 王发堂. 不确定性与当代建筑思潮 [M]. 南京：东南大学出版社，2012.

[22] 赵榕. 当代西方建筑新范式研究 [M]. 上海：同济大学出版社，2012.

[23] 格哈德·马克. 赫尔佐格与德梅隆全集（第3卷·1992~1996年）[M]. 刘捷，译. 北京：中国建筑工业出版社，2010.

[24] 《大师系列》丛书编辑部. 伊东丰雄的作品与思想 [M]. 北京：中国电力出版社，2005.

[25] 徐守珩. 道·设计：建筑中的线索与秩序 [M]. 北京：机械工业出版社，2013.

[26] 《大师》编辑部. 杨经文 [M]. 武汉：华中科技大学出版社，2007.

[27] 沈克宁. 当代建筑设计理论 [M]. 北京：中国水利水电出版社，知识产权出版社，2009.

[28]《大师》编辑部. 彼得·卒姆托 [M]. 武汉：华中科技大学出版社，2007.

[29] 刘松茯，孙巍巍. 雷姆·库哈斯 [M]. 北京：中国建筑工业出版社，2009.

[30] 张延风. 法国现代美术 [M]. 桂林：广西师范大学出版社，2004.

[31] 谢纳. 空间生产与文化表征——空间转向视阈中的文学研究 [M]. 北京：中国人民大学出版社，2010.

[32] K·迈克尔·海斯. 建筑的欲望：新先锋派解读 [M]. 谢靖，译. 北京：电子工业出版社，2012.

[33] 刘松茯，李鸽. 弗兰克·盖里 [M]. 北京：中国建筑工业出版社，2007.

[34]《大师》编辑部. 格伦·马库特 [M]. 武汉：华中科技大学出版社，2007.

[35] 刘松茯，丁格菲. 让·努维尔 [M]. 北京：中国建筑工业出版社，2010.

[36] 孔宇航. 非线性有机建筑 [M]. 北京：北京建筑工业出版社，2012.

[37] 刘松茯，李静薇. 扎哈·哈迪德 [M]. 北京：中国建筑工业出版社，2008.

[38] 勒·柯布西耶. 明日之城市 [M]. 李浩，译. 北京：中国建筑工业出版社，2009.

[39] 大卫·格里芬. 后现代科学——科学魅力的再现 [M]. 北京：中央编译出版社，1995.

[40] 徐守珩. 建筑中的空间运动 [M]. 北京：机械工业出版社，2015.

[41]《大师系列》丛书编辑部. 扎哈·哈迪德的作品与思想 [M]. 北京：中国电力出版社，2005.

[42] 马永建. 现代主义艺术20讲 [M]. 上海：上海社会科学院出版社，2005.

[43] 尼古拉斯·佩斯斯纳，J·M·理查兹，丹尼斯·夏普. 反理性主义者与

理性主义者 [M]. 邓敬，王俊，杨娇，崔珩，邓鸿成，译. 北京：中国建筑工业出版社，2003.

[44] 伊格尔顿. 后现代主义幻象 [M]. 华明，译. 北京：商务印书馆，2014.

[45] 丹尼尔·贝尔. 资本主义文化矛盾 [M]. 赵一凡，蒲隆，任晓晋，译. 北京：生活·读书·新知三联书店，1989.

[46] 埃德加·莫兰. 复杂性思想导论 [M]. 陈一壮，译. 上海：华东师范大学出版社，2008.

[47] 高宣扬. 后现代论 [M]. 北京：中国人民大学出版社，2005.

[48] 亚历山大·楚尼斯，利亚纳·勒费夫尔. 批判性地域主义——全球化世界中的建筑及其特性 [M]. 王丙辰，译. 北京：中国建筑工业出版社，2007.

[49] 柯林·罗，罗伯特·斯拉茨基. 透明性 [M]. 金秋野，王又佳，译. 北京：中国建筑工业出版社，2008.

[50] 莫里斯·梅洛-庞蒂. 知觉现象学 [M]. 姜志辉，译. 北京：商务印书馆，2001.

[51] Rem Koolhass & Bruce Mau. S，M，L，XL [M]. New York：The Monacelli Press，1995.

[52] Manuel Gausa. The Metapolis Dictionary of Advanced Architecture [M]. Barcelona：Ingoprint SA，2003.

[53] Peter Zumthor. Thinking Architecture [M]. Basel：Birkäuser-Publishers for Architecture，2006.

[54] Ben Van Berkel & Caroline Bos. UN Studio Design Model：Architecture，Urbanism，Infrastructure [M]. London：Thames and Hudson Ltd，2006.

[55] Charles Jencks. The New Paradigm in Architecture：The Language of Postmodernism [M]. New Haven：Yale University Press，2002.

[56] 陈琦. 从埃德加·莫兰复杂性思想解析当代建筑创作的思维范式 [D]. 北

京：清华大学，2011.

[57] 刘天华. 差异共存——人类个体的生存发展方式及其价值抉择 [D]. 北京：首都师范大学，2008.

[58] 李鸽. 当代西方先锋主义建筑形态的审美表达 [D]. 哈尔滨：哈尔滨工业大学，2011.

[59] 张颖. 汤姆·梅恩建筑创作中的异质共生思想研究 [D]. 哈尔滨：哈尔滨工业大学，2010.

[60] 宫宇. 墨菲西斯建筑设计中的复杂性思想 [D]. 大连：大连理工大学，2012.

[61] 倪晶衡. 美国建筑师汤姆·梅恩的建筑"矛盾性"研究 [D]. 杭州：浙江大学，2006.

[62] 白云. FOA建筑师事务所建筑设计观念及设计方法研究 [D]. 上海：同济大学，2008.

[63] 张向宁. 当代复杂性建筑形态设计研究 [D]. 哈尔滨：哈尔滨工业大学，2009.

[64] 刘丛红，赵婉. 反叛与创新——2005年普利策奖得主汤姆·梅恩作品评析 [J]. 世界建筑，2006（3）：113-117.

[65] 王钊，张玉坤. FOA建筑事务所的探索与实践 [J]. 时代建筑，2006（3）：150-157.

[66] 方振宇. 扎哈·哈迪德：策动建筑流 [J]. 时尚家居，2004（02）.

后
记

近些年，我在跨学科的研究中逐渐清晰地认识到，复杂性科学与哲学、信息技术和共生思想作为当下社会中的三大高杠杆，在共同作用并推进社会革新的同时，也撬动了建筑学的未来。对于它的理解，我也经历了一个由浅入深的过程，并同步反映在阶段性研究成果之中。大致上讲，第一本书《道·设计：建筑中的线索与秩序》建立了一个基础性的认知框架，以期实现内心世界与外部现象的对话；第二本书《建筑中的空间运动》提出了一套相对完整而又契合时代的理论体系——空间运动有机理论，以期颠覆传统的认知观念；而本书则从方法论的层面出发，针对当代最具创新与批判精神的先锋之作，深入探讨了当代先锋建筑一些异质性的建构和复杂-非线性思维实现异质共生的策略，并对人们如何整体性体验和感知建筑中的复杂性提出看法，以期明确当代建筑的先锋之策。

当然，有关于此的思考和研究成果最终在我攻读硕士期间，在导师庄惟敏教授的指导下顺利完成，确实是始料未及的。所以，至此出版之际，我要特别向先生表达我的诚挚谢意，先生博学、儒雅而又严谨的学术气质，以及谦逊、诚恳而又随和的为人，都在深刻地影响着我的整个学习过程，并将化身为无形的动力和满满的幸福，伴随我的一生。

与此同时，我也要感谢孙成仁博士和祁斌高级工程师对书中内容所提出的宝贵意见和建议，向在清华读书期间教过和指导过我的其他诸位老师，如吴良镛院士、李道增院士、关肇邺院士、朱文一教授、王贵祥教授、周燕珉